維生素C
超劑量療法

生田 哲——著
劉又菘——譯

晨星出版

譯者序

要不是這本書，我不會知道原來維生素C有這麼大的功效。

在初譯本書之際，我看了看封面，原以為又是一本市面上常見的健康書，然而當我翻譯到第一個章節內容時，確實讓我開始出現不同的想法了。作者提到自己的女兒在國內唸書時的感冒經驗，她的室友建議每三十分鐘服用一公克的維生素C，當她服用到第七或第八次時，症狀就完全消失了。這麼具體的方法實在令人捏了一把冷汗，要是有讀者真的去嘗試，而效果卻無如期奏效的話，那可就傷腦筋了。

後來適逢天氣變化劇烈之時，就連多在室內工作的我也難免有些鼻塞噴嚏，就醫後沒幾天鼻塞噴嚏走了，但喉癢咳嗽卻來了。此時，我想起書中提到維生素C對感冒的功效，心想這不正是個大好時機，立馬買了一罐五百粒裝、每份一公克的維生素C錠劑，開始依照作者女兒的方法（每隔三十分鐘服用一公克的維生素C）來進行。不過我得承認自己不如鮑林（Linus Pauling）博士等科學家那麼有實驗精神，第一次吃了一公克的維生素C後，就因瑣事或工作忘了時間，等到下一次服用時已經是八個小時之後了。後來我改以三餐各服用一公克、睡前再服用一次一公克的維生素C，這樣的方式雖然沒有符合每隔三十分鐘服用一次的方法，但這也是書中克連納博士提及「能達到預防功效」的方法。以此方式到了第二天，咳嗽不止的情形已經獲得大幅的改善，到了第三天只剩下些許的喉嚨癢，最後在第五天時已經沒有任何症狀了。期間也如書中提到「維生素C具有利尿作用」、「維生素C具有緩瀉的作用」一樣，除了上廁所的次數增加讓我的宿便「被迫」清得乾淨溜溜之外，倒也沒有什麼副作用了。

然而正如書中再三強調的，每個人的體質均各有差異，任何人使用維生素C的方式及其結果皆無法成為你在疾病處置時的正確解答，唯有透過實踐才能知道維生素C會如何幫助你。既然「大量攝取維生素C幾乎不會產生副作用」的說法已成事實，那麼各位不如放心地去實踐這種既安全又便宜的良方吧。

劉又菘

作者序 「維生素C能夠治療感冒和癌症」是真的嗎？

在所有維生素之中最為人知曉、人氣也最高的維生素C有個別名叫作「抗壞血酸（Ascorbic Acid）」。因為其「肌膚會變美麗」的效果，應該有許多女性會攝取維生素C，以達到美容的成效吧。維生素C正是構成蛋白質、膠原蛋白等肌膚成分的必備營養素。不過，在最近的研究中卻發現維生素C除了這些成效之外，還具備著更強大的健康效果。

一說到維生素C，對於健康養生頗有研究的人或許會回憶起一九七〇年代從美國開始的維生素C搶購風潮。

諾貝爾獎得主生物學家萊納斯．鮑林（Linus Pauling）博士在一九七〇年出版的《維生素C與感冒》（Vitamin C and Common Cold and the Flu）成為了當時的暢銷書籍。一九七九年，他也與來自蘇格蘭的以旺．卡麥隆博士（Dr. Ewan Cameron）共同撰寫出版《癌症與維生素C》（Cancer and Vitamin C）一書。這些著作裡面都提到「維生素C對於感冒治療有效」、「維生素C對於癌症治療有效」，然而仔細一回想，這些說法在之後似乎都被證實「維生素C對於感冒和癌症是無效的」。

確實如此。因此他所提倡的「維生素C療法」自然也就不被醫學界的權威人士所承認，而鮑林博士則於一九九四年八月抱憾仙逝，享年九十三歲。至今距離鮑林博士最初提出的

「維生素C療法」已經走過四十年的歲月了。

長年研究營養素分子水準的筆者儘管也意識到維生素C本身的重要性，然而關於「維生素C療法」或本書中所詳述的「高劑量維生素C療法」都仍未深入地去檢討。

維生素C儘管被認為能一定程度地對感冒有所作用，但還是無法想像維生素C還能對癌症發揮效益。至今為止，關於維生素C的論文發表數量已經達到相當龐大的數字了，而且也引發激烈的爭論，然而還是未能得出一個結論。不過，我知道這其中事有蹊蹺。

二〇〇五年，美國國立衛生研究所（ＮＩＨ）的馬克．萊文（Mark A. Levine）博士的團隊發表一篇能證明「維生素C能夠殺死癌細胞」的衝擊性論文。

筆者在二〇〇九年七月時得知此論文，接著在查找更多關於維生素C的醫學論文後，筆者也理解出以下能夠被充分證明的五條論點：

1. 維生素C對癌症有效
2. 維生素C對於感冒或流行性感冒有效
3. 維生素C對於感染病症、心肌梗塞、腦中風有效
4. 維生素C能塑造不易患病的體質
5. 維生素C可作為便宜且無副作用之保健食品

本書中也就此五點去具體解說每天應該攝取多少維生素C才能維持健康。維生素C確實擁有治療疾病、預防疾病的效果。我也希望包含醫生在內，能有更多人瞭解維生素C的「真相」。

若是能將安全的維生素C活用於每天的日常生活中的話，你的人生會變得更健康。只要能變得更健康，應該就能擁有更積極正面的人生了。維生素C能夠讓你的人生品質向上提升。

如果能夠攝取比目前多出一千倍的維生素C，生活品質就會革命性的提升。本書就是第一本能夠解說以上方法的專書。

關於維生素C之於癌症治療的應用上，在此也要感謝國際人體機能改善中心所長羅納多・漢寧海克（Ronald E. Hunninghake）博士對於筆者疑問的仔細回答，並且給予出版社寶貴的建議；此外，也要深摯感謝國際整合醫療教育中心所長柳澤厚生博士不僅提供關於維生素C的科學文獻，還協力促成與漢寧海克博士的訪問。

在此也感謝從本書的企劃到編輯都無微不至的講談社生活文化第二出版部的富岡廣樹先生。

二〇一〇年三月　生田哲

◉目錄

第3章　人類失去的「維生素C合成能力」

第4章 癌症以外的驚人效果

第5章 取得「驚人效果」的攝取方法

第6章 維生素C便宜又無副作用

高劑量維生素 C 療法
預知事項

本書所介紹的「高劑量維生素 C 療法」相關的醫學性、藥學性、科學性資訊是依據學術論文的詳查，以及筆者個人的經驗所得出的結果。

本書的執筆動機是以追求健康生活的人們為對象，提供維生素 C 相關的「未被報導的資訊」。本人認為最先進的醫學資訊應該廣泛地提供給國民知情。

就如本書所詳述的，從歷史的層面來看，維生素 C 的毒性也被證實是微乎其微，但因個人體質的不同，維生素 C 在個人體內所出現的狀況也會有千差萬別的差異。如果有讀者身體因超高劑量維生 C 而感到不適，請縮減或降低攝取量。此外，各位讀者若對「高劑量維生素 C 療法」有所疑問，建議向營養素、藥物以及營養素與藥物相互作用方面精通的專家諮詢。

本書所介紹的飲食或營養補給品攝取的建議並非醫療性處方，也非要求您要讓主治醫師改變醫療建議或撤回處方。

第1章　維生素C能「殺死癌症」的衝擊事實

為什麼女兒不會感冒

首先，我要談一下為什麼我會對「維生素C療法」感興趣的原因。說起這件事，其實有些慚愧、也有些遺憾，不過多虧於此才能讓我有如此巨大的收穫。

我和妻子住在橫濱，每天早上攝取約五百毫克維生素C的習慣從好久以前就已經開始了，不過就和其他人一樣，有時候也還是會感冒。妻子罹患感冒的次數大概是一年三到四次，而我則是兩次左右。很多時候都是在長途旅行之後就罹患感冒了，我想這應該要歸咎於疲勞使得免役系統衰弱吧。我當時認為不管是誰，一年之中總會有出現感冒症狀的時候，因此我對此並沒有太深入去追究思考。

然而，當時住在美國芝加哥的女兒從大學入學以來到出社會工作後五年之間，一次也沒有因為感冒而請假。她其實也常常有長距離移動的外出旅行，但即使如此她卻不曾感冒。

以前女兒還跟我們住在溫暖的橫濱時，她也和我們一樣一年裡總會感冒幾次。然而在移居到天氣寒冷、又以「風之城」聞名的芝加哥之後，為什麼一次也沒感冒過呢？

此外，對於撰寫多本關於維生素等專書的我來說，我每年都會罹患感冒，然而或許是因為從我口中聽過關於這方面的學問，一本營養素專書都沒讀過的女兒居然過著不會感冒的生活。這聽來實在諷刺，也是一個偌大的謎團。

幾年前的寒假，女兒回到了老家。是從芝加哥到成田機場的長途飛行，當她一到家之後，女兒就拿了三顆維生素C錠（一錠的含量為一公克）塞入嘴裡。

我試著向她提起自己心中老早就有的疑問：「為什麼妳都不會感冒呢？」

女兒在進入芝加哥的大學就讀之後（當時是秋天），好像很快就有喉嚨痛、打噴嚏、咳嗽等感冒症狀了。她說當時同宿舍的朋友就告訴她：「只要吃維生素C就好了喔。」之後她就依照朋友所說地每隔三十分鐘攝取一公克的維生素C錠，大概攝取七到八次之後症狀就完全消失了。

至此以來，如果有一點點感冒症狀出現，似乎就會馬上進行「維生素C療法」。平時也會早晚各一次攝取一公克的維生素C錠來達到維持健康的效果。

「妳不擔心會過量攝取嗎？」當我這麼問她之後，她回答我因為維生素C是水溶性的，攝取過量的時候會隨著尿液一起被排出體外，所以她認為並不會對身體有害。

看來她什麼專書也沒有讀就自行進行人體實驗了，出來的結果則是「正面」的。

效果的關鍵就在血中濃度

不會感冒的女兒與有時候會感冒的我和妻子之間的差異究竟在哪裡呢？我們夫妻倆每天早上都會攝取五百毫克的維生素C。女兒則是一天攝取兩次一公克的維生素C，當開始有感冒症狀時就會每隔三十分鐘攝取一次一公克的維生素C，到症狀消失之前總計攝取了八次。

各位已經看出來了吧。維生素C的效果關鍵就在於攝取量。從藥理學上來說，就是差在「血中濃度」上了。

維生素C的血中濃度指的是一次的攝取量與一天的攝取次數，也就是在一天之中的服用量將會大幅地左右攝取的效果。所以說，維生素C的效果「取決於服用量」。

口服攝取（從嘴巴來服用錠劑或粉末）的維生素C會經由腸道吸收而進入到血液中。接著血中濃度就會有所提升。因此我們就能設想得到此時維生素C的濃度一超越一定的標準值之後，就會發揮出「藥理效果」了。這就被稱為「最低有效濃度」。

舉例來說，當口服攝取一公克維生素C時，最低有效濃度可以持續三個小時。如此一來，一天二十四小時中，最低有效濃度就有二十一個小時會處於低下的狀態，因此，在這期間就無法獲得期待的效果。由此可知，服用量（攝取量與次數）對於維生素C的效果是

圖 1-1 口服攝取一公克維生素 C 時的血中濃度變化

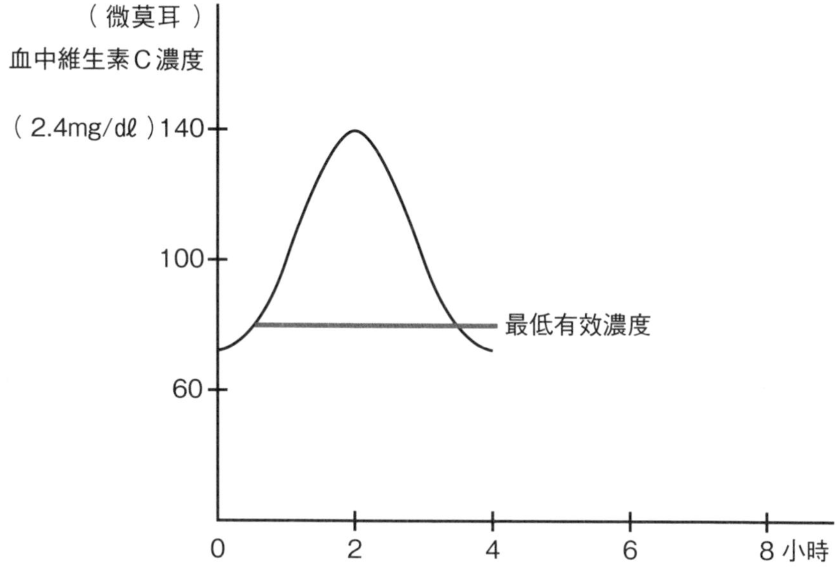

相當重要的關鍵。

這其實並不難懂。以下將以口服避孕藥丸為例來進行說明。

避孕藥丸每天服用一次就能發揮受期待的避孕效果。每天服用雖然很麻煩，但是在月初就吃掉一整個月分的避孕藥也是不好的。如果一次服用那麼大量的藥量，可能會引發毒性（副作用），而且這麼做大概也無法獲得一整個月的避孕效果。以口服的方式攝取的大量藥丸通常需經由肝臟解毒之後，再從血液中快速地排泄出去。

為了能發揮避孕藥的效果，避孕藥丸是一定得每天服用的。一個月裡只服用幾天藥丸的女性就算到時懷孕了，從藥理學的角度上也不是什麼罕見之事。因為在沒有服用藥丸的日子裡，其在血中的濃度也會因此降到基底線，「接合預防受孕的受體來阻礙受孕的激素分子」就等於是不存在了。

「只殺死癌細胞」的主張

因此，我對維生素C產生了興趣，並在調查數量龐大的論文途中，看到一個令人激動的標題〈藥理性濃度的維生素C（超高濃度維生素C）能夠針對性地殺死癌細胞〉。這篇論文的副標題是〈具有輸送過氧化氫至組織內的前驅藥（prodrug）效果〉。「前驅藥」可以讓惰性物質透過體內的酶轉變為活性。

此篇論文想要表達的事情如下：

藉由攝取超高濃度的維生素C，來引發體內名為過氧化氫的毒性。這種毒會經由血管運送到癌組織，因此正常細胞就不會受到損害，並且只會針對性地殺死癌細胞。

總歸而言，其主張就是維生素C是會鎖定消滅癌細胞的「魔法子彈」。

所謂的科學家就是「專業的議論者」，所以他們很擅長對別人吹毛求疵。因此，科學論文的作者為了以防萬一，大多都會論述得比較收斂一點，但這篇論文的標題卻十分大膽。

此外，刊載這篇論文的《美國科學學院學報》是一個知名期刊，它只會刊載由該領域的超級精英（美國科學學院會員）推薦的論文。在八個人署名的作者中，以美國國立衛生研究所（NIH）的馬克・萊文（Mark A. Levine）為主，包括美國癌症研究所（NCI）、美國食品藥品管理局（FDA）等研究者也在其中，他們所屬的研究機關也都是頂尖一流的。

這令人激動的論文標題、刊載期刊的高度評價、作者所屬研究機關的可信度在在顯示這篇論文的名聲實力兼備。這篇論文不僅在美國，同時也在全世界引發強大的衝擊。

我將歸納這篇論文（萊文論文）的背景，並且增補必要的部分來讓即使是非專家的讀者也能輕易地理解。

曾被捨棄的維生素C療法

將維生素C應用在癌症治療上絕對會是一段具爭議性的歷史。

就如同在「前言」所提及的，一九七〇年代，美國的萊納斯・鮑林（Linus Pauling）

博士與蘇格蘭的以旺・卡麥隆博士（Dr. Ewan Cameron）透過給予癌症患者每天十公克的維生素C，來針對某種癌症達到延命的效果，並且發現患者的生活品質有所改善，便以此發表共同著作的論文。

之後，美國知名的梅約診所（Mayo Clinic）裡的查理斯・摩特爾（Charles Moertel）博士團隊用相同的實驗進行兩次隨機性雙盲實驗法（以下簡稱雙盲實驗法），藉由更嚴密的方法來檢視。

所謂的隨機性雙盲實驗法就是能同時做到將被實驗者隨機區分成攝取藥物組和攝取假藥（安慰劑）的對照組的「隨機性」，以及醫生和被實驗者誰也不知道誰服用真正藥物的「雙盲實驗法」。

摩特爾博士團隊身為當時醫學界的權威團隊，在頂尖一流的醫學雜誌中發表過兩次論文，這兩次所發表的論文都認為「即使施以與鮑林博士、卡麥隆博士所主張的同量維生素C，對於癌症的延命效果和患者的生活品質都不會有改善」，也因為這兩篇論文而使醫學界完全否定維生素C對於癌症的效果。維生素C也被排除在正式的癌症治療手段之外。

然而，維生素C在之後的癌症治療狀況中，仍持續被美國的補充替代療法醫師所利用。實際上也逐漸累積了許多能顯示其抗癌效果的證據。

因此，近年來在美國也逐漸演變成不得不再度檢討維生素C對於癌症治療作用的事態了。

此外，鮑林博士和卡麥隆博士是將維生素C以靜脈注射及口服攝取等兩種方法來使用在患者身上，但摩特爾博士團隊被證實當初只使用口服攝取的方式。當時還不知道依據投藥方式的不同，維生素C的血中濃度也會有大幅的差異性。

最近在調查體內藥物命運的藥物動態學研究中，發現對人類注射十公克的維生素C時，血液中的濃度會達到六毫莫耳（millimole，這個單位會在之後加以說明），是口服攝取的二十五倍以上，而且依據情況的不同，甚至會產生七十倍以上的差距。

維生素C由於不具毒性，所以全世界的補充替代療法醫師才會再一次開始對癌症患者施以維生素C的點滴療法。

以下兩個問題，是研究者亟欲知道的真相，並為此進行數次實驗。

(1)（藉由維生素C點滴來進行）超高濃度維生素C確實沒有損害正常細胞，而只鎖定消滅癌細胞嗎？總而言之，問題在於維生素C是否會選擇性地消滅癌細胞？（這被稱為「選擇毒性」。）

(2)若維生素C能夠針對癌細胞發揮「選擇毒性」，那體內究竟會產生什麼樣的機制呢？

維生素C是「靈藥」

維生素C是否能「選擇性地」消滅癌細胞？

為了回答最初這個問題，則將人類的正常細胞與人類的癌細胞、老鼠的癌細胞放入培養液中，並提高維生素C的濃度。人類的癌細胞選用淋巴腫瘤與（從三位患者取得）三種乳癌類型，老鼠的癌細胞則選用（從兩隻老鼠中取得）兩種肺癌類型、腎臟癌、大腸癌與黑色素瘤（melanoma）。人類的正常細胞使用乳腺、成纖維細胞、淋巴球與單核細胞。

將這些細胞放進含有維生素C的培養液中一個小時，之後將其洗淨放回不含維生素C的培養液中，經過二十四小時之後，調查有多少癌細胞死亡。

最後得出以下結果。

人類的淋巴腫瘤只要一毫莫耳的維生素C就能予以消滅，而依據乳癌的種類只要分別施以五毫莫耳、十毫莫耳、二十毫莫耳就能將其消滅。同樣的乳癌細胞也會因個人而有顯著的差異，維生素C作為抗癌劑的效果則被認為會產生二到四倍的的差異結果。另外，老鼠的癌細胞只要施用十五毫莫耳以下的量就能消滅所有種類的癌細胞。

其中的關鍵在於維生素C濃度一到達二十毫莫耳之後，人類和老鼠在試驗中的所有癌細胞都會致死。此外，即使在這麼高的濃度之下，人類的正常細胞也完全不會受到損害。

圖 1-2 高濃度維生素 C 對於癌細胞與正常細胞的影響

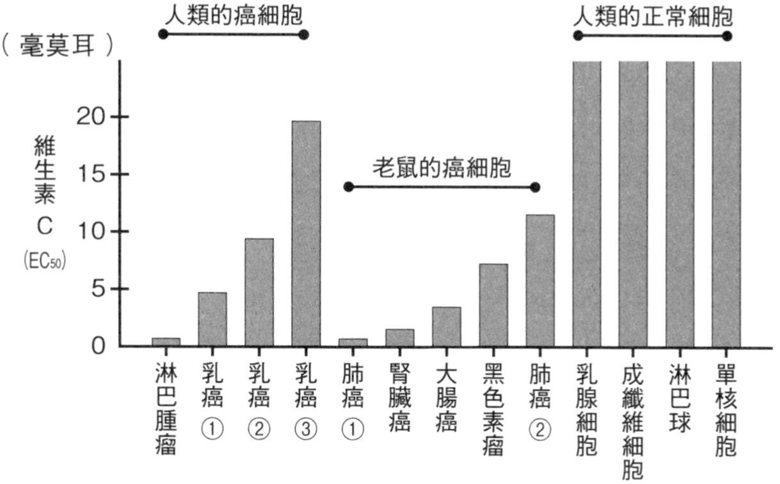

EC_{50} 指的是細胞的半數致死濃度

出處：Q. Chen et al., Proc Natl Acad Sci USA 102:13604,2005

由此可知，一開始所提到關於「選擇毒性」的問題，答案是「是」。因此，目前已經能科學性地證實維生素C是只會消滅癌細胞的「魔法子彈」。萊文（Mark A. Levine）發表論文的二〇〇五年正是維生素C歷史性的一刻。

此外，在論斷維生素C的藥理效果時，也因而認知到「濃度」的重要性。

只殺死癌細胞的過氧化氫

第二個問題是要探討維生素C只殺死癌細胞的「機制過程」，因此進行了以下實驗。

在實驗的物件上，選用了被認為容

易透過維生素Ｃ消滅的淋巴腫瘤。將淋巴腫瘤置入裝有一到五毫莫耳的培養液，並放置一個小時，洗淨之後再放回不含維生素Ｃ的培養液中。經過十八小時之後觀察癌細胞時，發現多數的癌細胞都已死亡，而其數量與維生素Ｃ的濃度恰好成比例。

「用量與反應」的關係予以證實，因此癌細胞的死亡就可被歸因於維生素Ｃ所致。

而且一調查癌細胞致死的模式之後，即發現將過氧化氫加入細胞培養液時會得出相同的結果。所以，癌細胞的死亡也可被推測是因為過氧化氫。在之後的研究中，也實際確認過氧化氫能夠殺死癌細胞的事實。

過氧化氫是代表性的「活性氧」，可以氧化身為細胞成分的基因ＤＮＡ（去氧核糖核酸）、蛋白質、細胞膜等物質，促使細胞死亡。

進入血管裡的大量維生素Ｃ會生成過氧化氫，過氧化氫不會在血管內造成任何傷害的原因是它會被存在於血管內名為過氧化氫酶（catalase）或麩胱甘肽過氧化酶（glutathione peroxidase；GPx）的物質分解掉。

然而，移動到血管外面組織液的維生素Ｃ也會生成過氧化氫。癌細胞則會受到這種過氧化氫的轟炸而死。

細胞即使在這種狀況下也不會受到損害的原因，則被推測是因為過氧化氫酶和麩胱甘肽過氧化酶的活性比起癌細胞來說，明顯要高出許多所致。

在生物體裡的維生素C也存在於癌細胞的內部與外部。究竟是哪一邊的維生素C殺死癌細胞的呢？透過其他實驗，則可查明是細胞外部所存在的維生素C所為。

維生素C不以毫克，而是以公克為單位來攝取的（「維生素C大量療法」請參照第2章）方式也可以預防感冒。透過點滴方式的「超高濃度維生素C」也會針對性地消滅癌細胞。

維生素C擁有如此驚人的健康效果。然而，從一九二八年發現維生素C以來，經過八十年直到現在，醫學界都仍自以為是地散播「維生素C對感冒無效」、「維生素C對癌症無效」的誤論。

比任何人都還早一步看見維生素C健康效果，在一九七〇年向全世界介紹「維生素C與感冒」論點的鮑林博士卻被醫學界的權威者們給予「騙子」、「假醫師」的汙名。長久以來維生素C的真相也因此而一直不被醫生與一般大眾所知。

為什麼會造成這樣的結果呢？下一章就讓我們來看看其中的經過吧。

第2章　支持與反對的長期戰爭

維生素是「賦予生命的物質」

維生素C就如名字所示，它是一種維生素。維生素（Vitamin）的語意為「賦予生命（Vita）的物質」，並且被給予「只要微量就能維持生物體正常的發育與物質代謝，是生命活動不可缺少的有機物質」的定義。

此外，維生素無法在人體內生成，所以必須從食物中攝取。

當食物被攝取進體內發生質變，或是燃燒成為能量等以構成生物體，或維持生物體活動之一系列工程，都需要名為「酶」的蛋白質的協助才得以完成。

而且這些酶的作用，絕不可少了維生素和礦物質，這也就是維生素如此重要的原因，一旦缺少，人體就會罹患各種缺乏症。

其中的代表性案例就是全身出血並會逐漸衰弱致死的「壞血病」、因足部疲勞或知覺麻痺所引起的「腳氣病（beriberi）」、皮膚出現紅斑、併發神經與消化器官障礙的「糙皮症（pellagra）」、重度疲勞和意識障礙所導致的「惡性貧血」、兒童骨頭異常的「佝僂病」等等。

要預防這些缺乏症，就必須攝取相對的維生素，但被建議攝取的量都只有以毫克（千分之一公克）單位來計算。

維生素C是食品！

「維生素C是維生素的一種，所以只要攝取微量（以毫克為單位）就足夠了。」我想醫生和大多數的讀者應該都對此沒有異議吧。

以三段論法的方式也能有以下的思維：維生素能預防壞血病。光靠一般的日常飲食，我們就能免於罹患壞血病。因此，我們的維生素C攝取量是足夠的。

事實上，不論在美國或日本，醫生養成的課程中並沒有「營養學」的課程。何況，本書現在所要闡述的「分子營養學」的內容對所有醫生來說幾乎都是一知半解的。醫生不瞭解最新的營養學知識，在學生時代就被指導老師灌輸「維生素只要攝取微量就足夠」的觀念，一直以來也都是這麼認知的。

維生素C以毫克為單位來攝取雖然能「預防壞血病」，但是要讓人類「維持最佳的健康狀態」，卻是完全不足的。

這本來就是一種將維生素C認知成「維生素的一種」的思維所造成的誤論。事實上，維生素C與其被稱為維生素，應該把它看作「食物的一種」才對。

事實如下：儘管人體無法合成維生素C，但是所有的植物，以及大多數的動物體內一天所能生成的維生素C量不會是以毫克為單位，而是到達千倍的公克單位。因此，對於所有的植物和大多數的動物而言，維生素C絕對不會只是一種維生素（微量營養素）。

只有某些動物（部分靈長類）無法在體內生成維生素C，其中就屬人類為甚。就此而言，人類過去其實也能在體內生成維生素C，但隨著進化的演進，對合成維生素C的酶施令的基因產生了突變，於是最後人類失去了合成維生素C的能力。

如果從基因突變造成維生素C無法依靠人體合成的觀點來看，人類這種生物也可被視為「基因有缺陷」吧。因此，人類為了補足這種缺陷，就必須從食物攝取超高劑量維生素C才行。

生活品質有革命性的提升

「超高劑量」的觀念指的並不是以毫克為單位來攝取，而是要達到千倍到萬倍的數公克到數十公克的攝取量。

本書現在要解說的維生素C效果，並不是透過毫克單位的口服攝取來預防缺乏症的「營養學效果」，而是以數公克到數十公克的極大服用量（megadose）口服攝取來獲得「健康增進效果」與「藥理學效果」。

「Mega」指的是「極大的量」。「Dose」則是「服用量」，意指一次或一天所應該服用的量。

「服用這麼大的用量難道沒問題嗎？」對於這樣不安的聲音，我將從維生素C是無副作用的安全食品與其相當經濟實惠的層面來說明。

假如將維生素C以目前所認知的攝取量增加一千倍來攝取的話，你的生活品質（QOL）就會有革命性的提升，以下將對此進行說明。

或許各位會對如此驚人的效果感到無法置信。不過，攝取量若能格外地大增，所獲得的成效也會完全不同。維生素C攝取量上，毫克和公克的攝取量之間所造成的差異不會只是十倍或二十倍而已，而是三個位數或四個位數（數百到一千倍）的差異。

三個位數或四個位數的差異會產生什麼樣的結果呢？在此我將以一個時速一公里移動的交通工具來比喻。這個交通工具會將眼前的障礙物以緩慢地速度排擠掉再前進。然而，此交通工作的速度如果增加五百倍到達五百公里的話會如何呢？

肯定不會只是將障礙物緩慢地排擠掉而已吧。障礙物肯定會被破壞殆盡。藉由速度和攝取量增大到三個位數的程度，在效果上也會產生質變。

尋求擊退癌症的物質

現在，找到只殺死癌細胞，而不會傷害正常細胞的物質的重要性就算再怎麼強調也不為過，因為這樣的物質才是理想中的抗癌劑。

通常在癌症治療中所使用的藥物，不論是癌細胞還是正常細胞，只要是活化而分裂的細胞就會被趕盡殺絕。因此，只要服用抗癌劑，生物體一定會遭受到嚴重的傷害。抗癌劑無法避免副作用的產生也是因為這個原因。

因此，對於從事癌症研究的人而言，最大的目標就是找出對正常細胞無害，並且能大範圍殺死癌細胞的有效藥物。只要有這種藥物，這就會是一個能與在感染病症治療上引發革命的盤尼西林匹敵的大發現。就算稱之為「魔法子彈」也毫不為過。

維生素C能運用於癌症預防與治療的想法就如前述所示，在一九七九年時，因為鮑林博士和卡麥隆博士發表《癌症與維生素C》漸漸讓多數大眾所知。

一九六〇年代，蘇格蘭萊文山谷醫院（Vale of Leven Hospital）的外科主任以旺・卡麥隆博士透過手術治療許多癌症患者。他對於會帶給患者極大苦痛的這種疾病，深刻感受到「新式治療法」的必要性，並且收集各種關於癌症的資訊。

德國的醫生在一九四〇年到一九五六年間所進行的長期治療中，每天施以一到四公克的維生素C，有時候會加入維生素A一起施用，最後發表「有部分的患者因此而能成功抑制癌症」的結果。

一九五一年，有報告指出在幾乎所有癌症患者中，血液裡的維生素C濃度都非常低，幾乎只有健康常人的一半。這項觀察結果已經好幾次被證實是正確的了。

強化細胞間的白堊質

卡麥隆博士以這些資訊為基礎，在一九七〇年左右時，就癌細胞增殖過程方面建立一個首創的假說。之後在一九六六年的《玻尿酸酶與癌症（Hyaluronidase and Cancer）》的著作中，有了以下敘述：

「細胞與細胞無法分離的原因，在於名為玻尿酸與膠原蛋白的白堊質使兩者接著並予以固定所致。要擴大癌細胞增殖的領域則必須破壞這種白堊質才行。擔任這個角色的就是名為玻尿酸酶的破壞酶。癌細胞會透過這種酶的盛發來破壞白堊質，入侵組織並開始增殖。因此，只要有方法能夠強化保固白堊質的話，就能提高生物體的的防禦機制，而癌細胞應該就無法增殖了。」

一九七一年鮑林博士於芝加哥大學醫學部所舉行的演講中，也說到：「維生素C能夠促使膠原蛋白的合成，所以超高劑量維生素C就能促進體內生成膠原蛋白，並且使白堊質得以強化」。

其演講內容被《紐約時代》雜誌刊載，卡麥隆博士也看到這則文章。兩個人互相來信，不久他們開始共同研究。

他們以「細胞間白堊質的強化可以擊退癌症」為目標，兩個人長年來嘗試對末期癌症患者施以激素等各種物質。然而，除了維生素C以外的結果都不盡理想。

這些結果則在幾篇論文中被發表出來。

在某篇論文中，也提到維生素C能有效緩解癌症患者的痛楚，至今被施以大量嗎啡或海洛因的患者也能因此不需再給予麻藥。

覺得自己藉由維生素C療法能夠「治癒癌症」的患者也被寫在報告裡。這名患者透過維生素C療法暫時讓癌症消失，但是一旦中斷維生素C的攝取就會再復發。只要再次恢復維生素C的服用，不久還是會完全治癒，最後生活了十二年以上。

此外，卡麥隆博士發現因為維生素C的服用使多數的患者有精神上的安定，並且在全身的狀態上也趨於改善。此外，報告中也提到肝臟機能的改善與血尿情形的緩解。

卡麥隆博士認為這些癌症患者的精神或身體狀態的改善、存活時間的延長都是透過維生素C直接或間接的效果來「強化免疫系統」。

持續被駁回的研究贊助金

維生素C療法對於癌症的效果要能有「醫學性證明」的話，就必需要有更加嚴密的實驗。具體而言，隨機選擇的患者中讓一半的患者攝取一天十公克的維生素C，剩下的半數患者則給予安慰劑（砂糖錠）來比較其結果。這就是二十二頁所提及的「雙盲實驗法」。

然而，實際上這項實驗一直沒有被實行。因為在一九七三年當時，對於已經確信維生素C對惡化的癌症有效的卡麥隆博士來說，儘管是為了實驗，但給予半數患者安慰劑仍可視為一種放棄治療的行為，這不符合博士的倫理道德標準。

為此，鮑林博士探訪美國國立癌症研究所（ＮＣＩ）。他將卡麥隆博士給予四十位惡化中癌症患者每天十公克維生素C的治療成績呈現給十位癌症專家，希望能在美國國立癌症研究所裡進行雙盲實驗法。然而，這項提案不僅無情地被駁回，甚至連使用動物的研究上，美國國立癌症研究所也宣佈不在維生素C療法上給予協助。

即使如此，癌症專家們為了能讓鮑林博士能進行動物實驗，向美國國立癌症研究所建議給予申請研究贊助金。當時，鮑林博士雖然提出使用老鼠和倉鼠的癌症與維生素C計畫書，但美國國立癌症研究所仍駁回此計畫書。事實上，計畫書並沒有草率不細緻的地方。計畫書本身在科學上是被認可的，卻還是被拒絕了。儘管博士一再提出申請書，但在這七年以來卻不斷地被駁回。

從事情的本質上來看，並沒有明顯的理由會被駁回不是嗎？我認為這是因為那些不樂見維生素C研究進行的團體施加的壓力，或是某個察覺到此事會損害自身利益的人有所防衛，因而以摧殘研究幼苗的形式來保護自己。

三度被證實的抗癌效果

鮑林博士與卡麥隆博士儘管無法進行嚴密的雙盲實驗法，但還是可以進行對照試驗。卡麥隆博士施行維生素C療法的地點在蘇格蘭萊文山谷醫院，這是一間擁有四百四十張病床的大醫院，一年也有五百位新癌症患者住院，但是卡麥隆博士以外的外科醫生、內科醫生誰也不願意施以大量的維生素C。即使在之後，他們的患者也沒有接受維生素C療法。

因此，這家醫院裡接受卡麥隆博士進行維生素C療法的癌症患者與完全不接受維生素C施藥的患者儼然就成為一個對照群組了。

不服用維生素C的患者與接受維生素C療法的患者之年齡、性別、癌症種類、癌症惡化程度幾乎都是一致的，此外也將兩者之生存期間進行比較。生存期間則從被判定為無法治療的那一天開始計算。換句話說，患者已經被判定為「一般的治療法已經無法期望能有所成效」之日為開始接受維生素C之日。攝取維生素C的組別患者中，從這一天開始往後十天之間，維生素C會以點滴方式一天輸入十公克的量，其後則改以口服方式每天持續攝取十公克，直到死亡為止。

一九七六年的《美國科學學院學報》中所報告的結果實為令人震驚。因為兩者的生存曲線有極大的差異。

對照組（不接受維生素C療法的患者）中，在第五百天時，全部共一百名患者相繼死亡，而維生素C攝取組則仍有百分之十一的患者生存下來。攝取維生素C的患者比對照組患者不僅平均能延命三百天，也能在人生最後的期間過得更有精神、更幸福。

癌症這種疾病的治療在醫療上是特別重要的問題，所以他們實施了第二次的試驗，其結果則於一九七八年發表於同一本期刊中。根據結果來看，對於大腸癌、胃癌、肺癌、乳癌等八種末期癌症患者來說，維生素C攝取組的患者平均生存期間比對照組的兩百五十五天多上一百一十四到四百三十五天。

日本的森重福美醫師和佐賀大學的村田晃教授於一九七三年一月一日開始的五年之間，以住在福岡縣鵜飼醫院的九十九位末期癌症患者為對象，進行維生素C施藥的試驗。其中四十四位患者施以一天四公克以下的藥量，另外的五十五位則施以五公克以上（五到

圖 2-1 末期癌症患者中攝取維生素 C 的效果

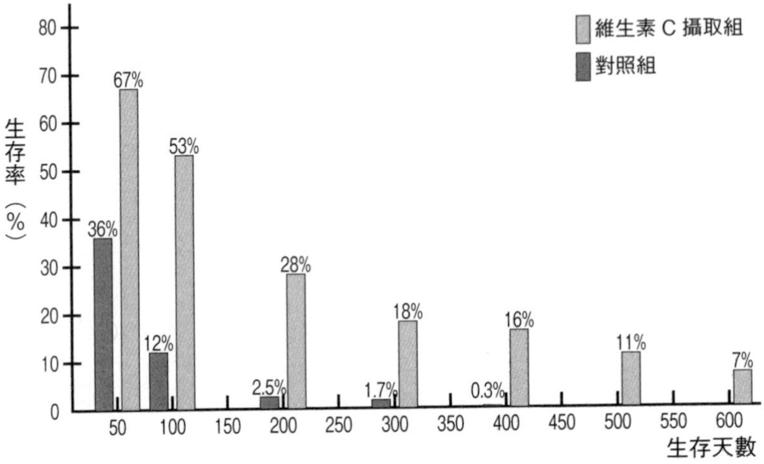

生存天數從被判定為無法治療的那一天開始計算。
維生素 C 攝取組一天會以點滴的方式輸入十公克的維生素 C，其後則每天口服攝取十公克。
對照組不攝取維生素 C。
出處：Cameron & Pauling「美國科學學院學報」73,3685-3689 (1976)

九公克）以上的維生素C藥量。

一九七九年所發表的結果指出，一天服用四公克以下的少量組患者平均存活了四十三天，而五公克以上的多量組則平均存活了兩百七十五天。維生素C的處方量差異足以使患者壽命延續六．四倍。

從遙遠的蘇格蘭到日本都得到與卡麥隆博士相同的結果。然而，遺憾的是，這項研究也沒有進行過雙盲實驗法。

若從一九七六年和一九七八年的《美國科學學院學報》論文，以及一九七九年來自日本的論文來看的話，我認為「維生素C在延續癌症患者壽命」的論點已經有相當充足的科學證明了。然而，醫學界卻以沒有進行過雙盲實驗法為由，不予以接受這些結果。

梅約診所不精準的實驗

之後，美國具代表性的大醫院，也是醫學研究機構的梅約診所（Mayo Clinic）認為應該就維生素C與癌症治療的疑問給出答案，診所的主任研究員查理斯．摩特爾（Charles Moertel）博士挺身背負這個責任並著手進行實驗。摩特爾博士於一九七五年到一九八六年為止共十二年的期間，都擔任梅約診所綜合癌症中心所長這個崇高的職位。

這項實驗的目的在於要檢證卡麥隆博士與鮑林博士的研究成果是否屬實。當然，此實驗必須遵照兩位博士的研究方法，其結果之分析當然也要兩人共同討論。

然而，摩特爾博士從實驗的設計到結果的分析都完全不曾與卡麥隆博士和鮑林博士討論，更擅自建立實驗方針。當時其實就有梅約診所真正目的是要「否定維生素C對癌症有效的說法」的傳言。

我們就來看看梅約診所的研究內容吧。這個實驗將癌症患者隨機分成兩個組別，並分別給予真正的維生素C和安慰劑，醫師也是在不知情的情況之下被指派到各組，並且比較兩個組別的存活率。這項實驗的重點在於最具科學性的雙盲實驗法。

具體來說就是將一百五十名末期癌症患者分成兩組，其中一組給予十公克的維生素C，對照組則施以安慰劑服用。

最後得出以下結果：維生素C攝取組中有四分之一的患者有食慾上的改善，但是生存期間卻不見差異，兩組的患者者大致存活了七周。接著在一九七九年，摩特爾博士將維生素C對癌症無效的結論發表於知名期刊《新英格蘭醫學雜誌》。

鮑林博士馬上就發現梅約診所的實驗有重大的失誤。鮑林博士團隊的萊文山谷醫院裡的患者皆無接受化學療法，反觀梅約診所的實驗中，多數患者在實驗前都接受以抗癌劑為主的化學療法。

摩特爾博士的論文中隻字不提這個事實，但實際上這是相當重要的事情。因為這觸及到鮑林博士所思考的核心議題：「維生素C能透過強化生物體的免疫系統來治癒癌症」。

根據鮑林博士的說法，梅約診所的實驗中，患者的免疫系統由於接受化學療法而被損害，因此「維生素C當然無法發揮效果」。

由此可知，梅約診所的誓言足以被視為杜撰、無效的。為了要得出否定性的結果而去操控實驗條件，並隱瞞此事只發表結果，總歸來說，這是一項作弊的實驗。

鮑林博士的信用受創

被鮑林博士反擊的梅約診所，在六年後的一九八五年又再次發動攻擊。這次他們將一百名大腸癌患者隨機分成兩組，以口服的方式分別給予兩組維生素C和安慰劑來進行試驗。結果在這項試驗中，兩組的存活天數也不見差異。

這項結果則以「對無接受化學療法的惡化性癌症患者施以大量維生素C和安慰劑的治療成果比較」的長標題發表於《新英格蘭醫學雜誌》。

論文中，摩特爾博士自信滿滿地指出：「本研究中，維生素C的大量投藥療法對於末期癌症可以確定是無效的」。

刊載摩特爾博士兩篇論文的《新英格蘭醫學雜誌》在醫學界是首屈一指的雜誌。此外，梅約診所是美國代表性的大醫院，摩特爾博士則是癌症研究的權威。對於世界上的醫師而言，這是一個重大的問題。

因此，「維生素C對於癌症無效」的結論完全在醫學界裡定調。同時，鮑林博士的信用也因此受到重創。

第二次論文是假的

然而，梅約診所的第二次研究還是有幾個問題。

首先，卡麥隆博士和鮑林博士的研究中，每天十公克的維生素C口服攝取直到患者死亡之前（平均十・五個月）都有持續進行，但梅約診所給予一致的投藥量，卻只持續進行二・五個月。

此外，沒有一名患者是在維生素C投藥過程中去世的。患者們死亡的時間點完全是在中止服用維生素C之後！

摩特爾的論文和評論此論文的美國國立癌症研究所（NCI）發言人羅伯特・維茲（Robert Witz）博士皆將維生素C攝取組患者死亡時已經沒有服用維生素C的重大事實隱瞞起來。這麼做的理由在筆者看來就是要營造出維生素C對癌症無效的結論，所以患者死亡是因為中止服用維生素C的事實就成了芒背之刺。為了讓自己的論述順理成章，所以才將事實隱瞞。他們這樣也稱得上是「科學家」或「博士」嗎？我只能說這令人不齒。

這般寡廉鮮恥之事還不只如此而已。舉例來說，維生素C的投藥中止之後，維生素C攝取組的患者有一半被證實被施以有毒的抗癌劑5-FU。患者們有極高的可能性是因為5-FU的毒性才縮減壽命的。

此外，沒有攝取維生素C的對照組患者也被證實曾密集地被給予維生素C用藥。這些美國醫學界的權威人士為了捏造出「維生素C對癌症無效」的資料，簡直無所不用其極。

事實上，這第二篇論文公開後不久，鮑林博士就認為：「這項研究的缺陷太多，毫無價值！」儘管當時人們認為博士已經氣極敗壞地失去理智，無法信任，但在他去世之後的現在已經證實他的論述才是一針見血。

被誤解的維生素C

摩特爾博士於一九八五年所發表的兩篇論文中，具有相當重要的意涵。

除了鮑林博士之外，其他的研究者們也想要嚴謹地分析這項結果，因而多次向摩特爾博士請求提供資料，但是卻完全被拒於門外。

拒絕的理由究竟為何呢？除了摩特爾博士對自己發表的分析結果沒自信的因素之外，實在難作他想。此外，這也可以被解釋為他不願讓「接受化學療法的患者存活天數比公佈的天數時間還要短」的事實被揭露。

梅約診所的第二次研究中，還隱藏著一項鮑林博士沒有指出的問題：口服攝取與點滴輸入的效果的差異性。卡麥隆博士與鮑林博士的研究中，最初的十天是施以每天十公克的維生素C點滴，其後則持續給予每天十公克的維生素C口服藥直到患者死去。然而，梅約診所卻完全沒有施以點滴，從一開始就直接給予口服方式。

身為癌症研究權威的摩特爾博士為什麼不依照卡麥隆博士和鮑林博士的研究程式（protocol），也不施以點滴，而且還隱瞞此事只施以口服維生素C呢？

二〇〇五年，美國國立衛生研究所（NIH）的馬克．萊文（Mark A. Levine）於《美國科學學院學報》中發表的論文中，不知是否因為不想觸碰到這件醜聞的關係，而輕描淡寫地提及：「當時似乎還不知道維生素C的投藥方法不同，血中濃度也會有極大差異的事實。」

然而，事實並非如此的吧。將藥物直接注入靜脈中的點滴，由於注入的所有藥液會進入到血液，所以比起口服的效果具有更高的成效。口服方式中，由嘴巴進入的藥會通過胃部，從腸道吸收後才會進入血液，所攝取的藥也只有一部分會進入血液裡。即使施以相同的藥量，口服與點滴在血中的濃度就會產生超過十倍，有時甚至會達到一百倍的差異。

一九八五年確實仍未有「維生素C的血中濃度會對癌症治療的效果帶來偌大差異」的論述。然而，「血中濃度之於藥效則會有決定性的差異」，以及「點滴所產生的血中濃度相較於口服會有極大的差異性」，這些不論在當時或現在都是藥理學的基礎知識。像摩特爾博士這樣的癌症研究權威實在不能說自己毫不知情。由此可知他是多麼拼命地隱瞞，企圖營造出「維生素C對癌症治療無效」的結果。

維生素C對於癌症的效果因為梅約診所齊心合力捏造出來的造假論文而被否定，所以當時許多仍利用維生素C進行治療的醫生也因此放棄使用維生素C療法。

鮑林博士在生前曾就維生素C對於感冒的效果有相當熱烈的見解。

為了檢證這個論點，在一九七〇年以後，他讓二十為患者進行雙盲實驗法，但一九七五年時，根據西奈山伊坎醫學院（Mount Sinai School of Medicine）的湯瑪斯・查爾默斯（Thomas C. Chalmers）教授所發表的〈維生素C對感冒無效〉的論文，完全否定此論點。

一九九五年，芬蘭赫爾辛基大學的哈裡・赫米拉（Harri Hemilä）教授在新發表的論文裡指出查爾默斯的論文不實，然而在這之前這樣錯誤的論點已經深植於醫師之間了。在閱讀本書之前，日本對此事知情的醫師或科學家肯定是極為少數的。

維生素C歷史性的復活

維生素C適用於醫學的論點已猶如風中殘燭。幸好這殘弱的細火並未完全消逝。被醫學界主流完全否定的維生素C療法在一九九〇年代陸續被美國堪薩斯州威奇托（Wichita）市的休・裡奧丹（Hugh Riordan）醫師，和加拿大的亞伯拉罕・荷佛（Abram Hoffer）博士延續使用。

他們和補充替代療法的醫師們在臨床的第一線確認了維生素C對於癌症治療的有效性。因為有堆積如山的症例指出接受維生素C療法的癌症患者比起相同症狀但未接受維生素C療法的癌症患者之生活品質還要來得高，也活得比較久。

儘管如此，醫學界並不重視補充替代療法醫師的看法，而且也不承認維生素C療法的有效性。

之後到了二〇〇五年，就如第一章所述，美國國立衛生研究所（NIH）的馬克・萊文博士團隊在科學雜誌發表一篇證明維生素C能殺死癌細胞的衝擊性論文。這篇論文將維生素C的地位一百八十度地大轉變。之後，萊文博士持續發表了幾篇重要的論文。

這一刻，鮑林博士的主張之正確性已經透過自然科學（Hard Science）證實。儘管這是一段漫長的道途，但一度跌落谷底的鮑林博士和卡麥隆博士的名譽總算是完全恢復了。

以二〇〇五年萊文的論文為契機，補充替代療法的醫師們陸續恢復使用維生素C療法於癌症上。

二〇一〇年的現在，美國有一萬位醫師將「超高濃度維生素C點滴療法」使用於癌症治療上。日本在二〇〇六年，自國際整合醫療教育中心所長柳澤厚生博士採用點滴療法來治療癌症患者以來，接受博士指導的一百名醫師也持續實踐這個療法。

醫學界權威們盡作弊不實之極不斷隱瞞遮掩鮑林博士的主張，但隨著時間流逝，追究真理的研究者還是揭開了這片遮掩的面紗，使兩位博士的立場得以逆轉，讓昔日的失敗者成了今日的勝利者。

伴隨著發現而來的爭論

一九七〇年代以後，幾經波折，鮑林博士「維生素C對於感冒和癌症有效」的主張也終於在二〇〇五年被證實。

儘管如此，知道這件事實的醫師還是太少了。事實上，醫生們多半覺得「學習自己的專業領域已經很辛苦了，怎麼還有時間去瞭解其他領域的文獻」。如果連專家都是如此的話，更遑論一般大眾會對維生素C的「真相」有所知解了。即使對於平時就研讀許多科學論文，寫過眾多科學專書的筆者而言，也是到了二〇〇九年的七月才發現這個事實。

在維生素C的效果被證實之前，為什麼得經過這般波折的過程呢？事實上，維生素C仍有許多爭論，而且還是在這項發現問世之後所引發的。

一九二八年，艾柏特・聖喬治（Albert St. George）博士成功分離出維生素C，並榮獲一九三七年的諾貝爾生物學醫學獎。

發現之後不久，化學家艾爾文・史東（Irwin Stone）博士於一九三二年開始賭上生涯投入維生素C的研究。博士認為比起「維生素C」，「抗壞血酸（ascorbic acid）」的名稱更好。

美國一家名為瓦勒史泰因（Wallerstein）的公司中，擔任酶與發酵部門部長的史東博士對維生素C的抗氧化物質非常感興趣，並且發現可以利用維生素C來防止食品腐敗。

隨後收集關於維生素C的論文並持續研究的史東博士，在一九五〇年時確定預防壞血病必要的抗壞血酸（維生素C）必須以高劑量來攝取，才能對人類的健康帶來莫大的好處。

一九六六年，他與萊納斯・鮑林博士相遇，並談論關於維生素C對於健康的效果，並以此啟發了鮑林博士對於維生素C的興趣。

之後，鮑林博士獨自調查並確定了「將維生素C作為營養補給品攝取能獲得相當大的健康效果」，就如前面所述，他在一九七〇年出版了《維生素C與感冒》一書並成為暢銷大作。

此時，鮑林博士也期待這本著作應該會受到醫學界的專家推崇。換句話說，假如維生素C能夠利用於感冒的預防與治療，甚至是症狀的改善上的話，一般大眾就能倖免於多數的不適症狀，醫師肯定也會為癌症疾病的成功治癒而感到歡喜。他的想法就是如此簡單而已。

然而，結果竟然出乎他預想之外。最具代表性的就是先前已經提到過的摩特爾博士和查爾默斯教授等人的不實指控。

醫學界的權威人士也為鮑林博士抹上「騙子」、「假醫師」的汙名。不僅揶揄他只不過是一介化學學者，是一個不瞭解醫學複雜度的外行人，甚至還以「不知道自己在說什麼的笨蛋」來中傷博士。

鮑林博士的偉大功績

有別於醫學界，那些閱讀過《維生素C與感冒》的讀者們都對鮑林博士抱以崇敬之意。有些保持緘默的人則認為，世界第一的化學學者鮑林博士說維生素C是「世界第一重要的物質」，這其中肯定有什麼原因。

當然，擁有高名聲的人也可能會提出錯誤的意見。在科學的歷史上，也曾被報告出許多偉大科學家犯錯的失敗案例。

鮑林博士是人類有史一來最偉大的科學家之一。他不僅引領二十世紀的美國科學界，也是一位知名人物。他在一九七〇年時已經兩度獲得諾貝爾獎，一次是化學獎，另一次是和平獎。他不是和其他人共同受獎，而是單獨獲得兩次諾貝爾獎的人物。除了萊納斯・鮑林博士之外，前無古人，後無來者。

他不僅讓化學這門學問有革命性的變革，在出版《維生素C與感冒》的時候，他在生物醫學領域的創新研究也已經持續至少三十年了，擁有無數成果。醫學領域上也獲得了三十七項不同的獎項，這些都是只有引領世界的頂尖醫師才能獲得的最高榮譽。

舉例來說，鐮刀型紅血球貧血的血紅素（hemoglobin）疾病是在人類史上首次被發現的「分子病」。他說明了「酶的鑰匙與鑰匙孔作用」所引起的化學反應，並在幾年之後透過實驗被證實。至今也依舊被寫進生物化學的教科書裡。

他也發現了氫鍵（hydrogen bond）和 α 螺旋（alpha helix）等決定蛋白質立體構造的重要因數。之後，詹姆斯・華森（James Watson）博士和法蘭西斯・克裡克（Francis Crick）博士所發現的ＤＮＡ（去氧核糖核酸）的雙螺旋構造也是基於這種氫鍵和 α 螺旋。

此外，以分子水準來闡明麻醉效果機制的理論也被發表出來了。

光是這些功績就足以保證鮑林博士是超一流的生物醫學研究者，但即使如此，若將這些功績與他在化學領域中的成果相比的話，仍顯得微不足道。

美國醫學界的異常反應

醫學界的權威人士極端地否定鮑林博士與其思維的態度只能說是一種超越常軌的行為。現在筆者回過頭去研讀那些言論，也還是難以置信他們毫無根據地抹黑攻擊這些擁有許多功績的科學家，難道不覺得慚愧嗎？事實上，那些批判鮑林博士的研究者們在科學或醫學方面的貢獻都遠遠不如博士。

為什麼他要被如此地攻擊抹黑呢？其中對於鮑林博士的評價有幾點特徵：這位人類史上少見的天才科學者總是直言不諱的性格、以及他是一位頭腦清晰的理論家。

事實上，在《維生素C與感冒》中，鮑林博士只是基於其他研究者所報告的實驗結果來提出假說而已。

他與大家想像中的一般科學家的印象或許會有些差異，鮑林博士並非實驗家，而是理論家。他徹底調查文獻，從中組織理論，而得以發現真理。他相信自己所發現的真理並迅速地發表於論文中，因此才能在科學史上留下多項偉大的功績。他研讀別人的論文，並建立自己的理論，卻幾乎沒有自己透過實驗來實證，或許他認為這樣只是在浪費時間。

另外，累積透過實驗所獲得的事實，循序漸進地推測出理論的實驗科學家的腳步是穩健踏實，然而也是緩慢的。實驗科學家會觀察一根又一根的木頭，鮑林博士則是一口氣探望整片森林。唯有天才中的天才才能完成這樣的大事。

實驗科學者對於鮑林博士在資料仍未充分搜集之前就發表理論的作法感到不滿。因此，實驗科學者完全無法苟同鮑林博士。而這對醫學界而言也牽扯到巨額的金錢和權力關係，所以才會逐步擴大雙方的敵對關係。儘管如此，卻沒有任何學者能夠與鮑林博士正面論戰。醫學界的權威人士打從心底對博士抱以敵意也是理所當然之事了。

在這樣的背景下，博士的著作又有了爆發性的暢銷，並活躍於大眾的注目中，醫學界的權威人士肯定更加暴跳如雷了。除了嫉妒的目光，或許那些擔心「如此一來人們不就會減少使用藥物嗎？」的藥廠也會展開陰謀算計。真正的真相誰也不知道。

能確定的是，鮑林博士是擁有卓越超群頭腦的大科學家，要在名為「科學」的競技場上打倒他是極為困難之事，此外博士也樂於接受科學性的挑戰。醫學界對此只能給予「以輝煌功績為耀的鮑林博士年事已高而能力不再，因而在維生素C上犯下決定性的錯誤」的中傷而已。他們主張「維生素C毫無研究價值」，並持續逃避與他正面辯論。

「維生素C爭論」留下的是無止盡的負面遺產。因為其中毫無任何事實或是以事實為根據的科學性議論，有的只是情緒性的強烈意見主張，並在科學界、醫學界、臨床現場將此誤論長年固化於大眾心中。

治療人類的醫學原本就不是一門純粹的科學。在醫療現場更是如此。醫療人員在當下必須要提供患者最好的治療法，而為了獲得必要的資訊，就必須仰賴相關的權威者。

因此，我們也能理解為什麼醫學界的權威人士們對於創新或嶄新的思維抱持如此小心謹慎與保守的態度了。

在臨床現場進行治療的醫師們都會迫於時間的緊迫而忙碌不堪。要搜集、整理與新藥或新式治療法相關的龐大資訊實在很累人。因此，當下難免直接依循醫學界的意見。醫學界的權威人士一旦表示：「維生素C營養補給品的攝取是不需要的。」一般的執業醫師就容易信以為真了。

鮑林博士不仰賴任何權威，即使孤立無援也要在維生素C的效果上持續與醫學界奮戰。究竟是什麼原因會讓他被逼到這般地步呢？想要知道其中原因的話，就必須要再多學習一些關於維生素C的化學了。

第3章　人類失去的「維生素C合成能力」

始於二十世紀的維生素研究

第2章已經說明維生素C具有「維持生命的物質」的意涵了。維生素儘管是人類代謝所必須的物質，但它也是體內無法生成的營養素。因此，為了要維持健康，我們就必須從食物中攝取必要的維生素才行。

大腸菌等細菌光是與葡萄糖和幾種礦物質（無機物）一起放進培養皿中，就能夠不斷地增殖。大腸菌自己也能夠生成維生素，所以並不需要從外部來攝取。然而，部分的高等動物在進化過程中失去自行生成維生素的能力，因此如果不從食物中攝取，就無法維持身體的健康。

如果沒有攝取足夠的維生素，依據不足的維生素種類不同，會使人類引發各種不同的缺乏症。其中具代表性的就是壞血病、腳氣病、糙皮症（pellagra）、惡性貧血、佝僂病等嚴重疾病。這些疾病歷經一千年以上，帶給數不盡的人們苦痛，甚至也讓數千萬人致死於此。壞血病是缺乏維生素C所引起的。腳氣病則是因為維生素 B_1 不足，糙皮症則是因為菸鹼酸（維生素 B_3）的不足，而惡性貧血是缺乏維生素 B_{12} 所引起的。佝僂病可能因為飲食上持續缺乏維生素D，或是因為皮膚缺乏陽光照射而引起的疾病。

維生素就是對於人類健康如此重要的物質，然而這方面的研究歷史卻出乎意料地短暫。

十九世紀時，已經知道蛋白質、脂肪、醣類等三大營養素是動物生長所必要的物質。到了一九〇六年，荷蘭醫師克里斯蒂安・艾克曼（Christiaan Eijkman）提倡食物中存在一種因數能治療後來被稱為「腳氣病」的神經病症，這才發現三大營養素之外的物質（當時仍未出現「維生素」的名稱）對於生物體也具有重要的作用。

維生素的研究也才就此展開。

以字母順序命名

一九〇〇年代，以白米飼養的雞隻多數都陸續死於神經方面的疾病。因此這種疾病有了「白米病」的稱號，而在一九一一年時來自荷蘭的生物化學學者卡西米爾・馮克（Kazimierz Funk）從米糠的萃取物發現能對抗這種疾病的物質，並命名為抗腳氣病維生素（之後的維生素B_1）。

此時，許多研究者也陸續研究食物中所含有的營養素。之後才知道為了維持人類與動物的健康，除了三大營養素之外還必須具備幾種礦物質。

一九〇五年到一九一二年之間，英國生物化學學者弗雷德里克・霍普金斯（Frederick

表 3-1 霍普金斯與馮克的「缺乏症的維生素假說」

缺乏症	必要的維生素
腳氣病	維生素 B_1
壞血病	維生素 C
糙皮症	菸鹼酸[1]（維生素 B_3）
佝僂病	維生素 D

1 菸鹼酸即煙酸（nicotinic acid）或菸鹼醯胺（nicotinic acid amide）

Gowland Hopkins）只用精製蛋白質、脂肪、醣類、礦物質的混合物來飼育白老鼠，不久後白老鼠就死了，不過卻發現在其混合物中加入少量的牛奶就能長久地持續存活。這項研究成果於一九一二年被發表於論文之中。

同年，霍普金斯與同事馮克博士一起發表「生物體若缺乏特定物質時，就會因其缺乏物質之不同而發生疾病」，他們提出四種分別能預防四種疾病的維生素：預防腳氣病的維生素（維生素 B_1）、預防糙皮症的維生素（維生素 B_3，即菸鹼酸）、預防壞血病的維生素（維生素C）、預防佝僂病的維生素（維生素D）。其中指出壞血病是因為飲食中缺乏「未知的水溶性物質」所導致的缺乏症。

之後，「缺乏症的維生素假說」透過實驗被證實，艾克曼與霍普金斯兩人於一九二九年共同榮獲諾貝爾獎醫學獎。

期間，威斯康辛大學的愛爾墨．麥科勒姆（Elmer McCollum）教授指出除了精製蛋白質、脂肪、醣類、礦物質以外，奶油或蛋黃所內含的「必需因子」也是使白老鼠成長的必要物質。

這個「必需因子」之中含有能有效預防夜盲症、腳氣病、壞血病的成分，不過還無法被單獨分離出來。因此，他在一九一五年將此物質命名為溶於油的脂溶性A與溶於水的水溶性B。之後則被稱為維生素A與維生素B，是現代維生素命名法的開端。

隨後，預防壞血病的物質被稱為水溶性C，預防佝僂病的物質則被稱為脂溶性D。也就是維生素C和維生素D。

一九一一年在發現預防腳氣病的抗腳氣病維生素（維生素B_1）之後，在僅僅四十二年的時間之內，目前已知的十三種維生素就都被發現了。

一九二八年發現維生素C

霍普金斯博士與馮克博士所提倡的預防壞血病之未知水溶性物質則被命名為「維生素C」。然而，分子構造依然處於不明的狀態。數年以來，他們持續努力要從檸檬汁、辣椒、甘藍等食物中分離出純粹的維生素C。

一九二八年，在霍普金斯博士研究室工作、來自匈牙利的艾柏特・聖喬治博士在研究植物氧化的過程中，從動物的腎上腺皮質萃取出一種具有極強復原力的「酸性」白色結晶體。這種結晶跟醣很相似，在柑橘與甘藍裡也有這種物質。

聖喬治博士眾所皆知擁有敏銳的直覺與幽默感，而他則把此結果以說故事的方式來介紹。在統整這種「酸」的論文之際，勢必得幫這種新物質取個名字。發現者擁有任意命名的權力，因此博士將此命名為「ignose」，並投稿於《生物化學雜誌》。由於不清楚其分子構造，所以就將「ignorant（無知）」與糖的接尾詞「-ose」結合成「ignose」。

然而，保守的科學雜誌編輯者無法接受如此隨便的命名，並且要求變更。於是聖喬治博士更名為「godnose（只有神才知道的醣類）」再次投稿，果然這樣的幽默感還是被拒絕了。最後是編輯自己決定命名為「己糖醛酸（hexuronic acid）」。

四年後的一九三二年，聖喬治博士證明這個物質就是維生素C，並將此以「$C_6H_8O_6$」的化學式來表示。從聖喬治博士那裡取得此物質的英國化學學者沃爾特·霍沃思（Norman Haworth）於來年一九三三年規定出更為詳細的分子構造。

聖喬治博士和霍沃思博士因為這種酸性物質具有預防壞血病（scurvy）的作用，所以在此物質名的開頭加上具有否定意義的「a」，更名為「抗壞血酸（ascorbic acid）」。

生物體中，化學式為$C_6H_{12}O_6$的葡萄糖失去四個氫，就能成為以化學式$C_6H_8O_6$表示的維生素C了。維生素C是單純的分子，而且能透過組織細胞的主要能量來源葡萄糖來生

圖 3-1 葡萄糖能夠轉化成維生素 C

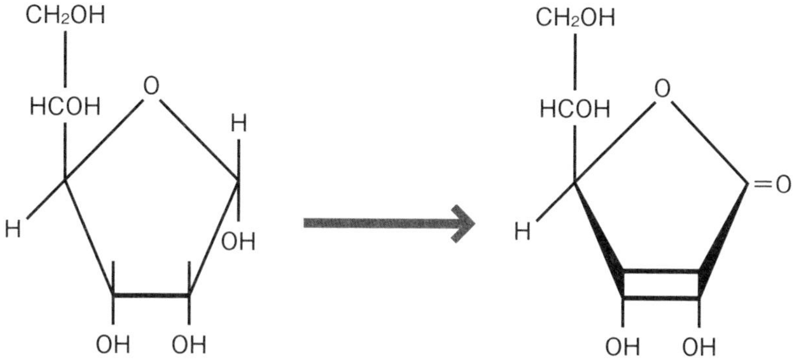

葡萄糖
$C_6H_{12}O_6$

維生素 C
（抗壞血酸）
$C_6H_8O_6$

成，藉此即能說明維生素C對生物體之重要性，以及它能存在於身體組織各處。

這些功績讓聖喬治博士和霍沃思博士於一九三七年分別榮獲諾貝爾生理學醫學獎，以及諾貝爾化學獎。

讓生物進化的「抗氧化物質」

維生素C是抗氧化物質。目前這種物質被盛傳有「有益健康」的效果，從塗在臉上的乳液到寵物食品，各種不同的商品裡都含有這種物質。那麼所謂的抗氧化物質究竟是什麼樣的物質呢？

從「抗氧化」一名來看，很容易就能想像這是和氧氣有關的物質。氧氣（O_2）是占空氣五分之一含量的氣體物質。氧氣對於生物的生存是不可或缺的事實已經成為不爭的常識，但鮮為人知的是，氧氣也是一種致命的毒物。

氧氣雖然是生物生存的必備物質，但也是一種毒物——如果要理解這個論點就必須瞭解與生物有關的氧氣化學。

植物會利用太陽光的能源，從水和二氧化碳中製造出葡萄糖，這就是光合作用。光合作用會形成副產物氧氣。這個過程就成為地球上存活的所有生物能量的來源。

植物細胞和動物細胞都必須透過氧氣來燃燒食物，進而高效率地獲得能量來維持生命。分解營養素雖有各種不同的方法，但氧氣產出的能量比其他時候多出約二十倍。因此無論如何生物都想要使用氧氣。然而，氧氣對所有生物而言卻是一種猛烈的毒物。為此，植物細胞和動物細胞都已經具備能安全使用氧氣的解毒功能，也就是「抗氧化系統」。

其中也有不喜歡氧氣的生物。破傷風菌或肉毒桿菌等被稱為厭氧性菌的細菌一遇到氧氣便無法存活。因為厭氧性菌並不具備解毒的抗氧化系統。無法使用氧氣的厭氧性菌與其他能使用氧氣的生物相比，只能將食物以二十分之一的效率轉化為能量，所以它們的力量薄弱。而且他們無法有進一步的進化，只能在沒有氧氣的環境中低調的生存。

從單細胞生物進化成多細胞生物是十三億年前的大事件，但某些生物學者指出，能夠有如此進化是因為生物為了提升氧氣的無毒化作用，使得細胞們連結在一起所致。

圖 3-2 使生物進化的維生素 C

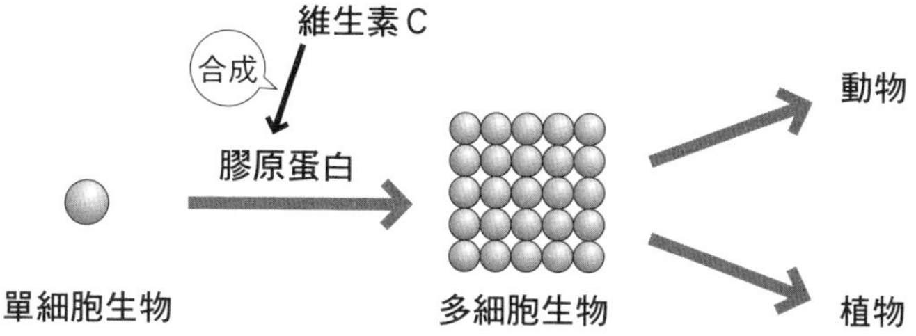

膠原蛋白作為黏著劑將細胞連結起來。

將這些細胞連結起來的是一種名為膠原蛋白的蛋白質，而這種蛋白質能藉由維生素C的協助來生成。如果缺少維生素C的話，體內就無法生成膠原蛋白。從單細胞生物到多細胞生物的進化，並為地表上的動植物帶來繁榮，使其直到現在依然能生存，膠原蛋白的力量可說是不可缺少的主要原因。

維生素C的作用超過四十種！

維生素C是合成膠原蛋白所不可或缺的物質。因壞血病而瀕臨死亡的人會因為無法合成膠原蛋白而使皮膚變得粗糙，身體組織受到損害，關節也會愈來愈脆弱。軟骨和肌腱會因此脆化、血管破裂、牙齦出現潰爛、牙齒脫落、免疫系統機能低落，最後導致死亡。

膠原蛋白和彈力蛋白都是生成動物結合組織的硬

蛋白，並且存在於皮膚、骨頭、牙齒、血管、眼睛、心臟等身體各部位。哺乳類構成身體的所有蛋白質中，膠原蛋白就占了三成。

膠原蛋白能從三條多肽鏈（polypeptide chain）來合成。多肽鏈指的就是「許多胺基酸的結合」，總而言之就是蛋白質的意思。

膠原蛋白會透過這三條多肽鏈如搓繩子一般地相互卷成右旋螺旋狀而形成。這樣的連結能產生比鐵絲還要強大的力量。三條多肽鏈的每一條都是名為α螺旋的左旋螺旋體。

如同其他蛋白質，膠原蛋白也是一個巨大分子，其分子量可達到二十九萬。膠原蛋白與其他蛋白質的不同之處在於甘氨酸（33％）、脯氨酸與羥脯胺酸（共計21％）、丙氨酸（11％）等物質的含量極多。

膠原蛋白在生物體裡會由下述之過程來生成：

細胞中，依據DNA的核酸序列來合成作為膠原蛋白的多肽鏈。接著，構成多肽鏈的脯氨酸與賴氨酸的氫原子（H）會因為氧化酶與維生素C的作用而置換成羥氧基（-OH），此時一個維生素C分子就能被消耗掉。

膠原蛋白每天都會逐漸減少，所以生物體為了要補充就必須要攝取大量的膠原蛋白。此外，生成膠原蛋白時就會消耗維生素C。

因此，一旦持續在飲食上缺乏攝取維生素C，就無法正常合成膠原蛋白，並引發壞血病。

然而，如果只是為了要預防壞血病的話，每天只要攝取幾毫克的維生素C就足夠了，而建議要每天以公克為單位，攝取數千到一萬倍的維生素C，則是因為維生素C除了合成膠原蛋白以外還有幾個重大的功用。

維生素C在生物體內發揮的效果被發現有四十種以上，而其中最重要的效果就是具有保護細胞的「抗氧化物質」之功用。

健康＝「如何防止氧化」

只要燃燒一張小小的紙就能發熱。不久紙燃燒殆盡後就會殘留下灰燼。就如同這樣的過程，氧氣對於燃燒物質是必不可缺的，並在過程中產生副產物灰與二氧化碳。

能量對於人類生命的維持也是不可或缺的。首先，體溫每天二十四個小時都必須維持在將近三十七度的程度。此外，透過上班通勤、上學、做家事、運動等等身體活動來讓肌肉收縮。這種肌肉的收縮也與化學反應有關，並會消耗龐大的能量。眨眼、打哈欠、呼吸、消化食物……都需要使用能量。

這些能量會透過我們食入的食物，和經由呼吸所吸進來的氧氣來產生緩慢的燃燒過程。

構成食物的主要成分與我們身體的構成要素其實並無多大的差異。因此，身體因為食物裡含有的氧氣而受到損害就可想而知了。為了要防止受損，人類在進化的過程中，就漸漸具備能夠解毒氧氣的系統。

氧氣會從構成生物體的物質中奪走電子並損害細胞。生物體物質失去電子的狀態被稱為「氧化」，反之，取得電子的則是「還原」。

一旦將細胞或組織置於純氧中，就會受到氧化的損害，不久就會凋亡。幾乎所有的疾病或老化都與「氧化導致組織損害」有密切的關係。

舉例來說，去皮後的蘋果放置於空氣中一段時間後，就會變成茶色。這就是因為空氣中的氧氣使得蘋果的電子被奪去，也就是蘋果「氧化」的結果。不過，去皮的部分只要塗上維生素C水溶液（例如檸檬汁）就能暫時維持住色澤。維生素C所代表的抗氧化物質會代替蘋果去供給氧氣電子，進而使蘋果免於氧化。

人類能健康生活的關鍵就和「如何防止氧化」有關。氧化也與疾病有所關聯，但這個事實似乎還是無法被普羅大眾充分理解。

人體是由六十兆個細胞所組成。細胞則能透過水、蛋白質、脂肪、DNA等生物體物質來形成。這些生物體物質一旦被氧化，細胞就會生病，當細胞一生病，作為細胞集合體的人類之健康也不免會受到損害。

為了不造成這樣的情況，細胞內部會陸續聚集許多抗氧化物質。細胞為了在氧化的惡劣環境中保護自己，就會藉由抗氧化物質來予以防衛。

透過維生素C會廣泛分佈於植物界和動物界的事實就能得知此物質是保護細胞的主要抗氧化物質。維生素C才真正算是「細胞的守護神」。

氧化並不一定需要氧氣

氧（O_2：正確來說為氧分子，在此簡稱為氧）的化學反應的過程是由電子所負責的。氧的原子核周圍有十六個電子，其中有十四個電子會成對（七對），剩下兩個則不成對地各自存在。

沒有成對物件的電子就稱為「不成對電子」，擁有不成對電子的分子或原子就稱為「自由基（free radical）」。氧則是「擁

圖 3-3 氧分子中的電子配置

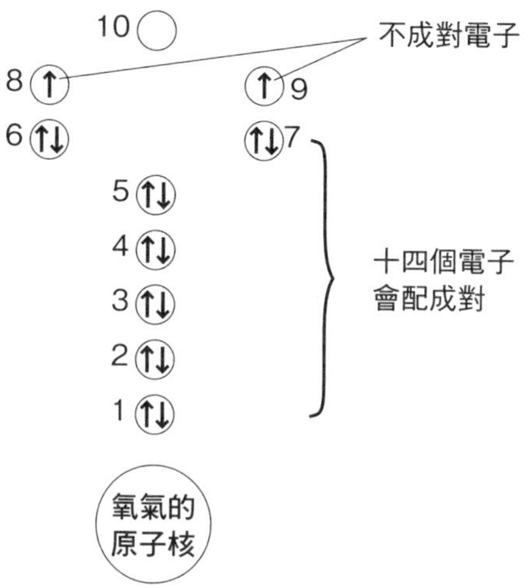

氧氣是擁有兩個不成對電子的自由基

表 3-2 氧化與還原

	電子	氧氣	氫
氧化	失去	取得	失去
還原	取得	失去	取得

有兩個不成對電子的自由基」，而自由基則容易引起化學反應。

成對的電子具安定的性質，單獨一個電子的自由基則可以說是處於缺乏一個電子的狀態，因此會拼命地想拿到一個電子來達到安定狀態。接著，生物體內的電子的授受就會引起化學反應。

氧化和還原容易被認為肯定與氧氣有所關聯，實際上卻並非如此。「氧化」指的是失去電子；「還原」指的是取得電子。

當某種物質與氧氣結合時就稱為「氧化」。原因在於其物質的電子移動至氧氣中而此物質失去電子。另外，當某種物質與氫連結時就稱為「還原」。因為此物質從氫中取得了電子。

活性氧對人體有毒的理由

自由基會隨時保持「我要安定！」的狀態。原理上，它具有從其他物質奪取電子的氧化作用，反之，也具有能給予其他物質電子的還原作用。

比較令人擔心的是當它作為氧化物質來作用的時候。因為它會奪取中性分子一個電子，藉以作為一種導火線來引發如骨牌傾倒般的連鎖化學反應。

相反地，當自由基作為還原劑來作用時就不具任何危險。因為它會給予其它自由基一個電子，藉以阻止連鎖反應。

我們最應該要顧慮的，是從生物體物質奪取電子的「氧化性自由基」。這種自由基有極大毒性，能使人體發病。這是因為氧化性自由基奪取生物體物質一個電子後，生物體物質將自由基化，於是這個自由基又會去奪取其它生物體物質的一個電子……就這樣延綿不絕地惡性循環。

這種連鎖反應或許和自由基彼此對接而形成中性分子有關：自由基與其他分子對接並持續形成中性的異常分子，而且這些異常分子早已不具備作為生物體物質的任何機能。

要是蛋白質成為異常分子的話，酶的作用就會故障。DNA如果成為異常分子的話，就會形成無用的蛋白質，並使細胞增殖的調節紊亂。這就會變成遺傳病和癌症的原因。生成神經細胞膜的脂肪如果變成異常分子的話，腦內到處奔跑的傳達物質的的傳接就會變得無法順暢進行。此外，如果細胞的線粒體受到損傷的話，能量的生成就會衰弱。能量不足的話，不僅會沒有精神，也可能因此造成細胞凋亡或老化。

「抗氧化物質」維生素C可以透過給予自由基電子來形成電子配對，藉以阻止自由基的連鎖反應。

如此一來，維生素C就能保護生物體物質免於自由基的傷害。抗氧化物質由於會在人體裡中和自由基，所以也被稱為「自由基清道夫」。

三種活性氧

源自氧氣的有毒物質會透過氧化生物體物質來傷害細胞，以下將進一步解說「活性氧」。

活性氧就如其名，比氧氣具有更高的化學反應性，是一種對人體來說比氧氣還毒的物質。其中以羥自由基（hydroxyl radical）、過氧化氫和超氧化物（superoxide）為代表性物質。

羥自由基與超氧化物是自由基，但過氧化氫並非自由基。它是一種中性分子。過氧化氫的化學反應性並不是太高，但是當鐵存在時，就能生成出強力的羥自由基。

圖 3-4 從氧氣流向水的電子與三種活性氧

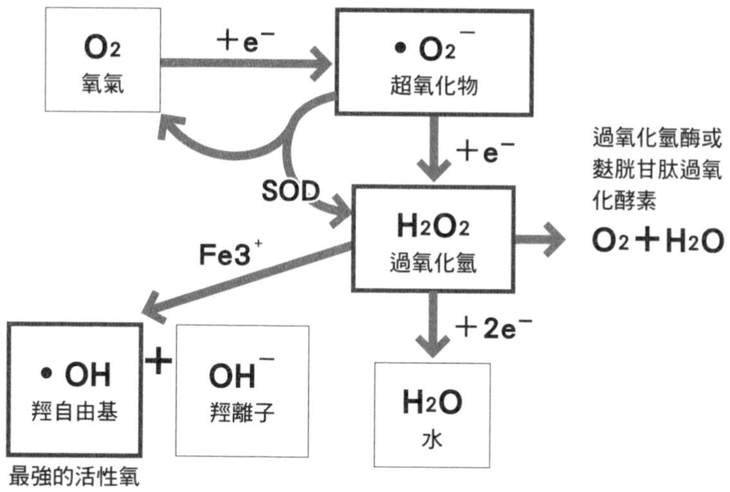

1. 羥自由基（·OH）

地球有三分之二是水，人體則是由百分之六十的水所形成。當這些水接觸到輻射線時，就會分裂成氫離子（H^+）與羥自由基（·OH）。氫離子通常會存在於水溶液中，具酸性但無毒性。

另外，羥自由基在活性氧中是最容易有化學反應的，換言之，對細胞來說它是最毒的自由基。

分解過氧化氫的過氧化氫酶、分解超氧化物的超氧化物歧化酶（SOD）酶也會存在於細胞內，但是沒有任何生物會平白無故擁有消除羥自由基的酶。這或許就是因為地球上的生物尚未進化完成所致。

羥自由基原本就會因為超氧化物或

過氧化氫而容易引起化學反應，甚至沒有任何酶能夠消除羥自由基。換句話說，羥自由基正是最強的活性氧。

2. 過氧化氫（H_2O_2）

當水失去兩個電子而氧化時，就會生成過氧化氫。3%的過氧化氫水溶液也稱為「雙氧水」，具有強烈的氧化作用，所以常作為漂白或消毒之用。各位應該聽過衣服如果沾到血液時，用雙氧水擦拭就能清除乾淨了。這是因為過氧化氫會氧化、分解使血液呈紅色的血紅素。

過氧化氫比氧氣多出兩個電子，比水少兩個電子，也就是說電子的數量位於氧氣和水之間。因此，原理上不僅可以作為奪取電子的氧化物質，也具有給予電子的還原物質效用。不過，通常以氧化物質的作用居多。

尤其是當過氧化氫遇到鐵等金屬時，就會分裂成羥自由基和羥離子（OH^-）。這種化學反應在十九世紀時已經由亨利・芬頓（Henry Fenton）博士報告過了，所以將此取名為「芬頓反應」

$$H_2O_2 + Fe^{2+} \longrightarrow Fe^{3+} + OH^- + \cdot OH$$

羥離子在水溶液中只會呈現鹼性，所以不會有毒性。然而，羥自由基就如之前所述一樣，不僅化學反應性高，也沒有可消除的酶，是一種劇毒。

過氧化氫容易引起化學反應，並且藉由過氧化氫酶分解為氧氣和水。過氧化氫酶也被認為是地球上生命誕生不久時，為了免於環境的迫害而製造出的酶。

此外，名為麩胱甘肽過氧化酶的酶會借助麩胱甘肽（Glutathione）之力來將過氧化氫分解為氧氣和水。

事實上，細胞裡最重要的抗氧化物質並非維生素C，而是這種麩胱甘肽。維生素C和麩胱甘肽會相互通融電子，並組成保護細胞免於氧化的隊伍。這就被稱為「抗氧化網路」。

或許各位會認為：「這樣的話，只要將麩胱甘肽當作營養補給品攝取就好了」，但是事情並不會這麼順利的。麩胱甘肽是由谷氨酸（glutamic acid）、半胱氨酸（cysteine）、甘氨酸等三種胺基酸所連結而成的多肽（peptide），因而會在腸道中被分解，所以即使作為營養補給品來攝取也無法達到期望的效果。

3. 超氧化物（O^-_2）

從過氧化氫取得一個電子，或是氧氣接收到一個電子時都會形成超氧化物（O^-_2，正式名稱為超氧化物陰離子自由基（superoxide anion radical）。就算名字聽起來很厲害，但是超氧化物由於比羥自由基或過氧化氫還難以產生化學反應，所以其毒性並不高。

超氧化物如果搭配其他自由基的話就會迅速引起化學反應，但搭配ＤＮＡ或蛋白質時，只會在處於酸性的條件下產生化學反應。

然而，對象如果是鐵的話，超氧化物就會因為芬頓反應而生成出羥自由基。

一種名為超氧化物歧化酶（SOD, superoxide dismutase）的酶可以將超氧化物恢復成氧氣和過氧化氫。目前口服的超氧化物歧化酶已經可以在健康食品店裡買到，不過此酶在進入胃裡時就會被分解，而非保持原樣地直接被吸收至體內作用。

體內也會產生的活性氧

在水裡照射輻射線時，具有劇烈毒性的活性氧就會生成。或許各位會納悶日常生活中哪裡會有輻射線，不過其實輻射線就在我們身邊。

舉例來說，醫院或牙醫診所常使用的Ｘ光。調查是否罹患腦中風的ＣＴ（電腦斷層掃描技術）也是使用Ｘ光。癌症或腦部檢查中被頻繁使用的正子電腦斷層掃描（positron emission tomography, PET）也是輻射線。

從工廠排放的煙、車輛排放的廢氣都會產生活性氧。菸當然也會產生活性氧。

因此，不如乾脆下定決心把菸戒掉，並且不要接受不需要的醫療檢查吧。而且儘管想要活在沒有輻射線，不用擔心受到活性氧破壞的生活，但這是不可能的，因為太陽照射到地面的光也是一種厲害的輻射線。

因此，冬天的滑雪場和夏天的海水浴場都少不了防曬乳，日照強烈的天氣必須盡可能不要讓肌膚暴露在外。

保持努力與細心，培養良好的生活習慣，或許可以減少因環境生成的活性氧對於大腦的損害。

然而，即使再怎麼持續努力與留意，都還是會生成大量的活性氧。這是因為我們身體本身就是最大的活性氧生成源。人體會透過免疫系統、解毒系統和能量生成的過程來產生大量的活性氧。

1. 活性氧在免疫系統的作用

為了保護生物體免於病原體的侵害，活性氧會活躍於免疫系統中。當病原體侵入生物體時，為了通知大腦這件事，組胺（histamine）將被釋出，並引發炎症。炎症就是通知病原體侵入的警報。

為了能準確收到警報，就需要能擴大警報聲響的前列腺素（prostaglandin）。前列腺素可以透過活性氧的作用來生成。藉由此物質就能察知病原體的侵入，並出動免疫系統。

首先，白血球會直接前往感染現場，抵達現場的白血球就會直接吞噬病原體。接著將細胞內名為溶酶體（Lysosome）的小器官中所累積的活性氧接觸病原體以進行破壞。如此一來就能殺死病原體。

2. 活性氧可以協助肝臟進行解毒

不論是不是以治療疾病為目的，服用藥物或是不小心吃進有毒物質對生物體來說都是異物入侵。

生物體會將這些異物隨著尿液一起迅速被排泄出去。不過，藥物或毒物由於是脂溶性，所以難以溶解於水。因此，名為P-450的肝臟酶就會將異物氧化並改變為水溶性。這種氧化的實行也是活性氧的作用。

3. 線粒體生成能量的過程會產生活性氧

我們使用從呼吸所獲得的氧氣來燃燒食物，並以三磷酸腺苷（ATP）的型態來獲得能量。此時也會大量生成活性氧。

首先，葡萄糖分解而成的丙酮酸（Pyruvic acid）會作為活性醋酸進入線粒體，並被二氧化碳氧化，此時就會釋放出氫。氫將氧氣還原成水時，就能生成大量的ATP。我們就能利用這種ATP來持續生存下去。線粒體由於會利用龐大數量的氧氣，所以可以生成數量可觀的活性氧。

4. 壓力會導致活性氧的生成

我們每天都生活在壓力之中。

舉例來說，妻子對你的抱怨、丈夫把妳的話當耳邊風、與親戚或鄰居之間產生嫌隙、和上司處不好、部下的工作延宕，這樣常發生於日常生活中的事情就會形成壓力，所以現代人才容易引發胃炎或胃潰瘍。其中的原因在於因壓力所形成的活性氧攻擊並破壞胃黏膜的細胞所致。

那麼，人類的體內究竟會生成多少活性氧呢？

據說透過呼吸吸進來的氧氣大約有百分之二會形成活性氧。成年人一年大約會吸進一百公斤的氧氣，如此可知就有兩公斤的活性氧會被生成出來。

停止連鎖反應的抗氧化物質

抗壞血酸除了具有預防維生素C缺乏症的作用之外，建議攝取量（RDA、Recommended Dietary Allowance，一天的建議攝取量。）以超大量的程度來攝取就能引發超過四十種生理性作用。其中最為顯著的就是先前提到的「抗氧化物質」功效。

作為抗氧化物質來說，維生素C會產生特殊功效的理由有二：其一是維生素C會給予活性氧電子而使其無毒化。其二為阻止因活性氧引起的自由基連鎖反應。

活性氧會從生物體物質拿走一個電子並產生自由基。危險的自由基會因為與維生素C反應而取得一個電子並安定下來，而且不再引發任何化學反應。提供電子給自由基的維生素C被氧化後就會形成抗壞血酸自由基（ascorbyl radical），這就是關鍵。

抗壞血酸自由基由於具有獨特的共鳴構造，因此即使是自由基也能安定下來。也就是說，它不太會和其他物質引起化學反應，所以不論它作為氧化物質或還原物質都無法產生作用。這種低反應性正是抗壞血酸自由基的特徵。抗壞血酸自由基的反應性低，所以在此階段就能阻止自由基造成的連鎖反應。

此外，與自由基反應的抗壞血酸自由基一旦彼此對接之後，就會形成一個抗壞血酸，和一個去氫抗壞血酸。去氫抗壞血酸也可以稱為「氧化型維生素C」，它比抗壞血酸（還

圖 3-5 具有抗氧化物質作用的維生素 C

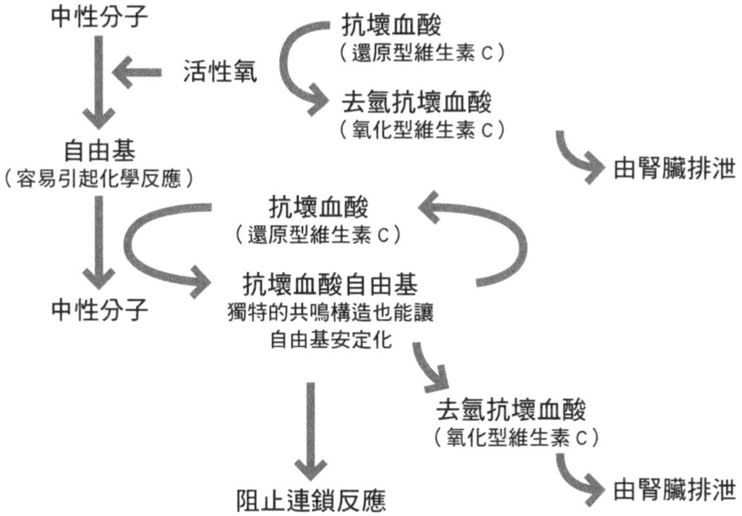

原型維生素C）少兩個電子。

儘管去氫抗壞血酸並不是那麼安定，但經過複雜的過程之後就會被草酸（oxalic acid）和蘇氨酸（Threonine）分解，並隨尿液排出。

維生素C可作為氧化物質來治病

細胞中存在的抗氧化物質大多都能預防生物體物質的氧化，在此要說明另外一種對比性的效用，維生素C不只可以給予電子，也能拿取電子。

維生素C給予電子的時候是一種抗氧化物質的作用，而維生素自己也會被氧化。取得電子的時候則是一種氧化物質的作用，維生素C自己也會被還原。

1. 選擇性地殺死癌細胞

維生素C是一種金屬離子。尤其當鐵存在時，就會產生氧化物質的作用，透過水和氧氣則會產生過氧化氫。這種過氧化氫會嚴重破壞細胞，但並不一定會往不好的方向去作用。超高濃度維生素C的優點在於不會帶給人類正常細胞任何損害，而只選擇性地殺死癌細胞。

過氧化氫會進一步與鐵產生化學反應，並且透過前述的「芬頓反應」來生成毒性猛烈的羥自由基。最近在萊文博士的研究中明確指出這種物質能選擇性殺死癌症細胞

2. 具有抗病毒藥物的作用

病毒感染病症以感冒、流行性感冒為首，包括脊髓灰質炎、日本腦炎、麻疹、帶狀皰疹、流行性腮腺炎等多種疾病，但目前仍未找到對病毒有效的藥物。

如同維生素C使毒性猛烈的羥自由基生成並選擇性殺死各種癌細胞，理論上應該要可以殺死所有病毒。

後面會提到的「維生素C超高劑量療法」已經陸續被證實能抑制皰疹、狂犬病、牛痘（Vaccinia）、庫克沙基病毒、巨細胞病毒等病毒。

3. 具有抗細菌藥的效果

細菌感染病症只要施以抗菌藥就能治癒。由此可知，細菌感染病症已經如同過去那些被抑制下來的疾病一樣獲得控制了，不過事實並非如此。體弱多病的人或體力低下的人一旦細菌感染就很難治癒，這是因為生物體的免疫力低下所致。

此外，抗甲氧西林金黃色葡萄球菌（Methicillin Resistant Staphylococcus Aureus, MRSA）或抗藥性結核病（MDR-Tb）等疾病都因為抗生物無法奏效的抗藥性細菌而造成院內感染的增加。此外也有報告指出沙門桿菌或病原性大腸菌 O-157 等細菌所致的食物中毒案例。維生素 C 則被證實能殺死這些病原性細菌。藉由維生素 C 就能消滅金黃色葡萄球菌、結核菌、綠膿桿菌、肉毒桿菌、百日咳菌等病菌。

圖 3-6 維生素 C 作為氧化物質來殺死癌細胞、病毒和細菌

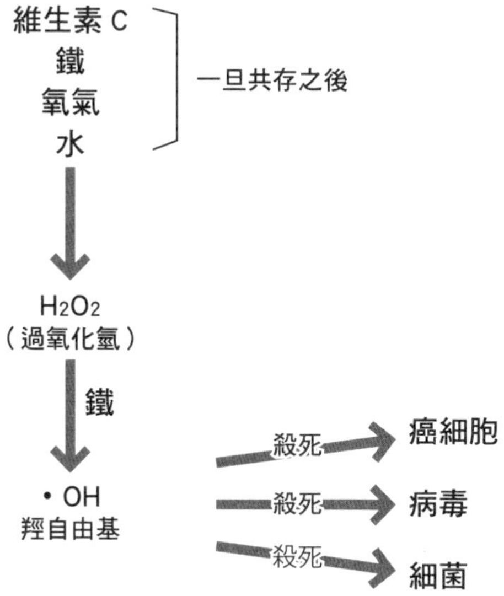

白喉桿菌（Corynebacterium diphtheriae）、破傷風菌、痢疾桿菌等病菌則會釋放毒素來傷害人體，而維生素C也被證實可以中和這些毒素。

四千萬年前的突變

那麼，人類每天必須攝取多少維生素C才能健康生活呢？

史東博士把其他動物體內所擁有的維生素C量與人類的攝取量互相比較，並得出「人類有慢性的維生素C不足」的結論。

這項研究的第一個重點在於：幾乎所有動物都能在體內合成所需的維生素C，人類卻無法做到。

在長久的進化過程中，人類的祖先失去了生成維生素C的能力。人類有這種能力已經得追溯到距今約四千萬年前（兩千萬到六千萬年前）了。儘管這是人類的祖先，但當時還只是一種毛量濃密如猿猴、大小類似老鼠的小動物。這樣的人類祖先主要以綠色植物為食，並且可以從食物攝取足夠的維生素C。

在幾乎所有動物的體內，維生素C會從葡萄糖出發，並歷經四階段的生物化學反應。

不論是哪個階段，身為生物體催化劑的酶都會發揮作用，但在人體內由於負責最後一個化學反應的L－古洛糖酸內酯氧化酶（L-gulonolactone oxidase, GLO）產生缺陷，因而無法合成維生素C。

儘管人類現在擁有能指揮L－古洛糖酸內酯氧化酶的基因，但在約四千萬年前時基因產生突變，使酶失去應有的功能。這種突變的原因推測可能是因為以引發愛滋病的人類免疫缺陷病毒（HIV）為首的逆轉錄病毒（retrovirus）感染所致。

因為突變的關係，才使得過去所擁有的維生素C合成能力喪失，但令人吃驚的是，這並不會削弱人類祖先生存的方式。人類祖先可以從飲食中攝取超高劑量維生素C，所以並不需要特地從體內合成。

因此，這種突變也被認為是幫助人類持續生存的原因。

對於生物體來說，維生素C的原料是可作為最佳燃料的葡萄糖。一般的生物雖然能隨時將葡萄糖合成為一定數量的維生素C，但在非常饑餓的時候，極為珍貴的葡萄糖就會被拿去生產比維生素C還要有益生存的能量。因此，正是因為人類祖先失去維生素C的合成能力，所以才能幾度撐過饑荒。

然而，身為後代子孫的我們卻沒有像祖先那樣去攝取足夠的含維生素C植物。

因此，儘管沒有引發壞血病，也會因為「慢性的維生素C不足」而提高心臟病或癌症的發病風險，並使免疫系統弱化等不良影響。

正如本章所示，人體中存在許多抗氧化物質，並且能分解活性氧，但是沒有一個物質能夠取代維生素C的功效。因此，失去維生素C合成能力的人類（也就是缺陷基因的所有者）就必須透過食物攝取超高劑量維生素C才行。

由此也可將遺傳病之一的壞血病視為「先天性的代謝障礙」。

合成維生素C的器官

無法在體內生成維生素C的動物目前只有人類、猿猴、天竺鼠。由於尚未出現能夠證實的科學根據，所以只能大致提出這些動物。關於體內是否存在合成維生素C的能力，幾乎所有動物都處於未調查的狀態。事實上，是不是所有人類都完全失去維生素的合成能力，這點也尚未分明。

體內能夠生成維生素C的多數動物中，其負責生成的臟器也是各有不同。魚類、兩棲類、爬蟲類是在腎臟裡生成；哺乳類則是在肝臟生成維生素C。鳥類中，雞、鴿子、貓頭鷹是在腎臟生成維生素C，其他鳥類則在肝臟中生成。

由此可知，伴隨進化階段的提升，合成維生素C的臟器也會從腎臟轉移到更大的肝臟。

一天必須攝取多少公克？

能生成維生素C的動物會在體內大量生成。犬類在體重達到一公斤時，每天能生成三毫克的維生素C。同樣體重的豬則能在體內生成八毫克、老鼠是七十毫克、蜘蛛猴是一百毫克、山羊則能生成一百九十毫克。

以上數據只限於正常狀態下的生成量。一旦感受到壓力或是生病，能夠生成的維生素C量就會大幅增加。這在多數動物中已經被證實，在此我們以老鼠為例來解說。

老鼠一天能生成的維生素C量以體重一公斤來說是七十毫克。當感受到壓力時，這個數字會增加三倍至兩百一十五毫克。另外，血液中的維生素C濃度會從五十六微莫耳（micromole）減半至二十九微莫耳，反之在尿液裡通常含有四十六微莫耳的維生素C濃度則會急速上升到四百五十微莫耳。排到尿液中量則會多出十倍。

換句話說，當老鼠感受到壓力時雖然維生素C的生產量會增加，但消耗的維生素C量與被排泄的維生素C量都會比生產量高出許多。

這對於老鼠來說就是一種維生素C不足的狀態。因此，當換算成人類體重時以靜脈注射注入約五公克的維生素C時，血壓就會恢復正常。

老鼠一天能生成的維生素C量如果對於體重六十公斤的人類來說，一天就要進行四．二到十二．九公克的維生素C靜脈注射才能達到同等的程度。

以一位成年人來說，一天四到十二公克的維生素C攝取量會比目前認為的一百毫克攝取量多出四十到一百二十倍，所以我認為超高劑量可能是達成此攝取量的唯一途徑。或許有些論述也會主張老鼠的攝取量肯定不適用於人類的情形吧。

比起老鼠而言，山羊在進化的程度上或許會比較接近於人類。即使以山羊換算成一位體重六十公斤的人類，一天也會生成十一．四公克的維生素C。此外，當山羊生病時，換算成人類的一天維生素生成量則有七十八公克。

猩猩則與人類一樣無法生成維生素C，所以居住於自然環境中的猩猩一天能從食物攝取四．五公克的維生素C。

那麼，過去人類能從食物攝取到多少維生素C呢？

鮑林博士從美國實驗生物學會所發行的代謝指南書中使用一百一十種野生植物性食物的水溶性維生素C含量並假設人類一天會攝取兩千五百千卡的熱量來加以計算。

根據其結果，人類一天需要從食物攝取二．三～九．五公克的維生素C。

表 3-3 人類的口服攝取量與動物維生素 C 的合成量

動物	mg/kg/天	mg/60kg/日
人類	1.6	100
狗	3	180
豬	8	480
老鼠	70	4200
蜘蛛猴	100	6000
山羊	190	11400
生病的山羊	～1300	78000

出處：Hicky and Roberts, Ascorbate（2004）

現代人是「低抗壞血酸症」

史東博士在考察維生素C與進化之間的關係後，指出「現代人陷入『低抗壞血酸症』的先天性代謝異常的狀態之中」。意思是從飲食所獲得維生素C量不足，因而導致慢性病的發生。

壞血病是會帶來生命危險的急性疾病，如果只是要預防壞血病的話，一天只要攝取五到六毫克的維生素C就足夠了。即使個人的體質有所差異，二十毫克的攝取量其實也就足夠了。不論是誰都能從飲食攝取到這般程度的維生素C。在現代的日本已不見壞血病蹤跡也是理所當然之事。

低抗壞血酸症指的是長期性地無法預防慢性病，也就是不足以維持健康的維生素C缺乏狀態。

史東博士主張雖然因為抗壞血酸是因為「維生素C」而被認識，但大多數動物體內可以大量合成這種物質，所以人類不應該將此視為「只要微量攝取就足夠的營養素」。

維生素是多數食物中所含有的有機物質。此外，至今人類只需要微量的維生素就能維持人體正常的機能。醫生在就讀醫學系時也被灌輸維生素只需要微量攝取就足夠的觀念。他們學到的是：不攝取維生素就可能罹患壞血病，但是就算罹患壞血病也不必大驚小怪。

對維生素的這種定義深深地滲透於醫學界中，也是「維生素C超高劑量療法」難以被接受的理由之一。

醫學界對於史東博士提案的反駁是「基因的突變在數千萬年前的過去就已經發生了，由於已經經過了十分長久的時間了，人類已經能夠適應低程度維生素C的狀態了」。

支援這種反駁的根據就是「即使口服攝取兩百毫克以上的維生素C，也會在腎臟裡變成尿液排泄出去」。總歸來說，他們批判即使攝取超高劑量維生素C，也會有超過兩百毫克的量是「只是在浪費錢、毫無用處的」。

然而，這種說法是錯誤的。

這種批判只能在「自己生成維生素C的動物為了使用維生素C而不去排泄」的前提下才能成立，而這樣的前提本來就不會成立。因為體內能合成維生素C的動物還是會將維生素C排泄出去。

第4章　癌症以外的驚人效果

從重症流行性感冒中恢復

維生素C對於人類而言究竟具有什麼樣的效果呢？本章將一探維生素C對於感冒、流行性感冒、脊髓灰質炎和急性肝炎等病症之效果。

第一則案例是透過維生素C讓罹患重症流行性感冒而處於瀕死狀態的患者奇跡恢復。

居住在紐西蘭懷卡托（Waikato）的農夫在斐濟島休假途中突然發燒、並且出現食慾不振及疲勞感。忍耐著嚴重的症狀回國時，體內的流行性感冒病毒仍陸續增殖中。

他直接被送到當地的陶朗加醫院（Tauranga Hospital）。他被診斷出患有豬流感（swine influenza），但醫師仍難以決定治療手段。因為他還患有白血病，而他本人卻完全沒發覺到此事。

因此，醫院和醫療人員決定將他移轉到更大規模的奧克蘭醫院（Auckland Hospital）。他被施以克流感Tamiflu和抗生素，但症狀仍然持續惡化。

幸運的是，他的姊夫知道「維生素C的效用」，所以寄了一封電子郵件給美國維生素C療法的專科醫生湯馬斯．李維（Thomas Levy）博士之後，柏侍衛他們介紹一位人在紐西蘭的同事喬恩．艾普頓（John Appleton）醫師。

艾普頓醫師提供患者家屬關於維生素C的各種資料，以及介紹奧克蘭醫院的補充替代療法（CAM）。他建議家屬讓患者接受將維生素C以靜脈點滴施藥的點滴療法（IVC療法：Intravenous Vitamin C），但是醫院卻拒絕這項治療。

患者的狀態每況愈下，甚至需要依賴生命維持裝置。他的肺臟幾乎已經無法正常運作了。家屬被醫院告知「已經盡力了」，並提議徹下生命維持裝置，但家屬並不同意。他們不放棄地要醫院嘗試「所有一切的手段」。

超高劑量療法所帶來的劇烈效果

由於家屬的強烈要求，醫院總算讓步，從星期一開始實行維生素C的點滴療法。然而，醫院附帶一個條件：到星期五之前如果不見改善的話就要終止治療。

很快地，病情在星期三就有了好轉的現象。不過，這次卻換腎臟衰弱惡化了。新的主治醫生告訴家屬腎臟惡化的原因是維生素C，並且要求終止點滴療法。家屬與艾普頓醫師談論此事。艾普頓醫師便提供資料給主治醫生來證明腎臟損害的原因很有可能是因為抗生素的關係。

患者持續恢復，不久之後就能轉院到離家近的懷卡托醫院了。此時，他仍戴著呼吸器，並透過鼻胃管來補給營養。難得恢復的狀況愈來愈好，這間醫院的醫師卻突然中止了點滴療法。

一般醫師就是很難就這樣接受「維生素C療法」。

家屬這次雇用律師，並強烈主張患者權力，要求醫院接受家屬的提議。

醫院雖然再次進行點滴療法，但是維生素C的施藥量卻比之前少了一公克。CAM的醫師到懷卡托醫院探訪，並建議要增加維生素C的施藥量，最後患者總算恢復意識了。

醫院的醫療人員們都為此大吃一驚。因為他們過去從沒看過這樣的景象。

最後患者終於能夠正常說話交談。姊夫向他說起維生素C救了他一命的事情。他的妻子則告訴丈夫孩子不會失去他們的父親了。

患者所接受的治療程式如下：

星期二：二十五公克的維生素C點滴

星期三：二十五公克的維生素C點滴

星期四：七十五公克的維生素C點滴

星期五：一百公克的維生素C點滴。之後以此量持續四到六天。

接著，新醫院的主治醫生停止維生素C施藥，一周後才又再次開始點滴療法，但其施藥量卻僅有一公克。

雖然在流行性感冒的病情惡化，甚至處於瀕死狀態時藉由維生素C的點滴療法還能起死回生，但是筆者認為如果他每天都能攝取幾公克的維生素C營養補給品，提升身體健康狀態的話，不僅是流行性感冒，大多數的感染病症應該都能豁免才是。

這篇來自紐西蘭的報告述說著維生素C療法對於一般醫院和一般醫師有多麼難以接受與認同。患者最幸運的地方在於他的家人很快地就找到維生素C療法的專家，並強烈逼迫醫院實施此療法。

各位讀者或許很難相信維生素C能治癒疾病或是擁有預防疾病的功效吧。

筆者的親戚中有一位在美國相當知名的醫師，連他也有「維生素C如果能治癒疾病，那麼就不需要藥物了啊……」的反應。

點滴療法的優缺點

高劑量維生素C療法可分為將維生素C直接注入靜脈的「點滴療法」和以營養補給品的形式經口服用的「口服攝取」。

點滴療法的正式名稱為「超高劑量維生素C點滴療法（IVC療法）」，整合醫療或補充替代醫療醫師們都會將此運用在癌症治療上，並且獲得顯著的效果。

二〇〇九年的現在，美國的八十萬位醫生中有一萬位醫生在實行點滴療法，而日本的三十萬位醫生中則有一百位醫生。不過，即使在美國，會以完整確實的醫療方案來給予治療的點滴療法實行者中也僅占全部的一成（1000人）而已。

因為點滴療法要能夠快速且有效地擊退癌症，就必須透過靜脈注射來達到口服攝取無法達到的極高血中濃度。這樣的方法還能兼具預防效果。那麼只要每天接受點滴注射就沒問題了吧？遺憾事實並非如此。點滴療法有三個不便之處：

(1) 只能在醫院進行

(2) 靜脈注射時會有刺痛感

(3) 由於健保不支付，所以一次的治療費用需要兩萬到三萬日圓。

如果確實罹患疾病，並且想要透過高劑量的維生素C來迅速擊退疾病的話，點滴療法就會是最有效的方法。不過沒有患病的民眾想要實行點滴療法的話，就必須負擔以上三點。

當然，口服攝取就沒有這些問題了。

便宜又安全的口服超高劑量療法

口服攝取，也就是經口攝取維生素C錠劑或粉末的方法。這是最便利的作法，不論是誰，隨時隨地都能服用，也不需要承受注射的刺痛感。這種方式是以「藥品」的形式來進行口服攝取，所以大致會被製成膠囊、錠劑、粉末等各種形態。

以「超高劑量療法」來說，每天需服用三到數十公克的維生素C。或許各位會覺得這樣一來開銷會很大，但其實不需要擔心。

根據相對高價的日本醫藥品規格標準書，日本藥局所制定的維生素C粉末每兩百公克都只要兩千到三千日圓。每公克只需十到十五日圓。如果是特賣品的話，只要九百八十日圓就能買到兩百五十公克的維生素C粉末。

一錠一公克的錠劑服用起來簡便又容易。維生素C錠劑在網路上直接向外國業者訂購的話，每公克只要四到十日圓，平均一公克只要約五日圓就能便宜買進了。

維生素C不僅對感冒、流行性感冒以及癌症有效，對於心肌梗塞和腦梗塞的預防上也被證實有其效果。

心肌梗塞或腦梗塞都是由於血管阻塞所引起的血管疾病。

血管阻塞則是因為由氧氣產生的強力氧化物質活性氧會氧化膽固醇，並蓄積於血管內皮細胞，使得免疫系統中名為巨噬細胞的白血球前來吞食這些氧化膽固醇造成惡性循環。對此，維生素C則能預防膽固醇因活性氧而被氧化（也就是氧化膽固醇的生成），由此可知維生素C具有預防血管疾病的效果。

維生素C的用量（一次或一天的服用量）與用法如果得當的話，除了點滴的方式之外，口服攝取的方式也已經有許多科學證據指出能有效預防與治療這些疾病。

便宜又安全的「食品」維生素C不僅對於感冒、流行性感冒、癌症有效，甚至沒有任何副作用，這的確是一個令人驚訝的事實。我認為如果能將此知識活用於生活之中的話，不僅所有國民開心，政府也會樂見持續增加的醫療費用因此而得以削減。

往下，本章將介紹讓你從今天起就能實踐的「高劑量維生素C口服療法」。

檢測血中濃度的兩種方法

我們已經知道維生素C是否有效的關鍵就在於血中濃度。這裡要再一次複習維生素C濃度的標示方式。

維生素C濃度的單位會以「莫耳（mole）」和「毫克（milligram）」來表示。莫耳通常用於科學論文中，而毫克則多見於臨床。

首先，我們從莫耳談起。維生素C的化學式為$C_6H_8O_6$，其分子量為一百七十六。因此，一百七十六公克的維生素C溶於一公升血液中的狀態就稱為「一莫耳」。一毫莫耳則等於一莫耳的一千分之一，表示有一百七十六毫克的維生素C溶於一公升的血液中。

另外，毫克則用於表示一百毫升血液中有多少毫克的維生素C溶解。

莫耳和毫克可以互相調換。舉例來說，「一毫莫耳」的維生素C在一公升血液中可溶一百七十六毫克的維生素C，所以換算為一百毫升的血液就等於「十七．六毫克」。

通常健康常人類的一百毫升血液中，含有「一．二毫克」的維生素C，換算成莫耳就等於「約七十微莫耳（micromole）」。

對感染病症有效的維生素C

不僅是癌症，維生素C對於細菌或病毒等感染病症也有效。此外，其也具有水銀、鎘（cadmium）、鉛、四氯化碳（carbon tetrachloride）等毒物之解毒作用。

因此，「維生素C的高劑量療法」對於脊髓灰質炎、皰疹、牛痘（Vaccinia）、肝炎、流行性感冒等病毒感染病症也有效。

維生素C能夠消滅這些病毒，而根據佐賀大學的村田晃教授的研究證實，這個作用過程為的是讓活性氧之一的羥自由基促使病毒失能。目前已知羥自由基是從過氧化氫所生成，並且能夠殺死病毒、細菌、癌細胞。

從久遠的一九三〇年代的研究中也指出維生素C能夠消滅細菌。舉例來說，一百毫升的血液中如果含有一毫克的維生素C就能抑止結核菌的增殖。先前已經提過，健康常人的血中維生素C濃度每一百毫升就有一・二毫克（七十微莫耳），所以由此可知結核菌就難以增殖。

在其他研究中也指出，維生素C能夠消滅白喉桿菌、傷寒沙門氏菌（Salmonella typhi）、葡萄球菌等細菌，並使白喉桿菌、破傷風菌、痢疾桿菌等細菌毒素失能。

維生素C消滅細菌的作用過程與消滅病毒的過程一致，都是透過過氧化氫生成羥自由基來進行的。

拯救猿猴脊髓灰質炎的實驗

根據西元前一三五〇年左右的古埃及象形文字中的記載，脊髓灰質炎症自古以來就讓人類吃了不少苦。這是因為脊髓灰質炎的感染是一種突發性症狀的全身性疾病。大多都會出現發燒、頭痛、嗜睡等症狀，接著又很快地消失，偶有患者也會長期出現手腳麻痺，尤其是下肢麻痺。不論是哪個年齡層都會出現症狀，特別多發於孩童患者，因此過去被稱之為「小兒麻痺症」。

日本也曾在一九六〇年爆發過脊髓灰質炎大流行，來年一九六一年，當年開始緊急引進認證過的脊髓灰質炎疫苗，全國一次接種一千三百萬個孩童。進行這個預防措施之後，脊髓灰質炎的流行疫情逐漸被抑止下來。

然而，現代醫學具代表性的專書《希氏內科學》（Cecil Textbook of Medicine）中記載：「對於發症後的脊髓灰質炎仍未出現有效的治療法，因此為了緩解患者疼痛，並提供患者存活機率，輔助性的照護是不可或缺的。」此外，也提到維生素C對於脊髓灰質炎的治療是有效的。

一九三七年，哥倫比亞大學的克勞斯・詹布勒（klaus jungbluth）博士對感染脊髓灰質炎的猿猴施以維生素C來進行治療並獲得成功。

首先，將稀釋過的脊髓灰質炎病毒緩慢地點滴注入到猿猴的腦中。受感染的猿猴接著被點滴注射平均四百毫克的維生素C，此時手腳應該出現的痲痺症狀被大幅地抑制下來了。感染脊髓灰質炎的六十二隻猿猴中，維生素C施藥組中有百分之三十沒有出現痲痺症狀，而沒有施以維生素C的對照組中僅有百分之五的猿猴沒有出現痲痺症狀。

此外，博士也提到維生素C在試管中能讓脊髓灰質炎病毒失能的事實。

維生素C的脊髓灰質炎治療研究原以為是指日可待的，但卻始終無法有所進展。其中有此經過：

這項實驗之後，兩年後的一九三九年，詹布勒博士的同事，也是之後發明脊髓灰質炎口服疫苗的阿爾伯特．沙賓（Albert Bruce Sabin）博士發表了「大量施以維生素C不具有預防脊髓灰質炎的效果」的觀點。

沙賓博士在實驗中只對猿猴注射一百五十毫克的維生素C。此外，事前注射的脊髓灰質炎病毒也是濃縮過的。

病毒被大量注入，而且維生素C的施藥量不足，所以沒有效果也是理所當然的。關於微量維生素C的使用，如果是因為認為維生素C是微量營養素的看法被普遍認同，那麼這或許還說得通，不過事實是還潛藏著一個陰謀。

看來沙賓博士應該是設計了一種讓維生素C的效果完全無法展現，或盡可能降低其發揮效果的實驗。就如第2章所述，之後梅約診所的查理斯．摩特爾博士也為了否定維生素C對於癌症的效果而有了同樣的作為。

設計出這樣的實驗其實是為了在一九五四年之前實施的新開發脊髓灰質炎疫苗試驗所做的準備。沙賓博士的首要目標就是開發疫苗。多虧於他，我們也的確免於脊髓灰質炎的迫害，但是維生素C的研究被逼到死角的事實也得歸咎於他。

不被信服的學會報告

脊髓灰質炎的疫苗完成之前的一九四〇年代，脊髓灰質炎的迫害在全美蔓延開來。北卡羅萊納州也不在例外。在那裡有一位啟蒙於詹布勒博士的醫師。他就是佛瑞德．克連納（Frederick R Klenner MD）。他透過大量的維生素C施藥而在脊髓灰質炎的預防與治療上獲得巨大的成果。

他將這項成果發表於一九四九年六月十日於新澤西州所舉辦的「全美醫學會」的年會。會場裡針對如何使重症脊髓灰質炎患者延命的主題，有許多醫師熱烈地議論。

克連納博士敘述如下：

「一九四八年，北卡羅萊納州的里茲維爾市（Reidsville）曾發生過脊髓灰質炎大流行。此時，我的患者接受過的治療肯定會讓在場的各位非常感興趣。

在過去七年以來，我對感染脊髓灰質炎病毒的患者，持續七十二個小時注射大量的維生素C點滴。因此，如果脊髓灰質炎患者在二十四小時之後接受六到二十公克的大量維生素C點滴的話，則發現沒有患者會有腳部麻痺，或是之後受後遺症所苦的問題。」

他主張「高劑量維生素C療法」能夠治癒脊髓灰質炎。

然而，隨他之後發言的四位醫師之中，誰也不願提到有關於他所發表的論點。他們的目光完全被「如何治療呼吸困難的脊髓灰質炎患者」的議題給吸引過去。

或許是因為他的主張太過美好，以至於沒有人願意相信這樣的事實。

成功治癒六十位脊髓灰質炎患者

即使如此，克連納博士在學會發表之後的隔月，也就是一九四九年七月就在《南方醫學與外科（southern medicine & surgery）》的醫學雜誌中發表治療脊髓灰質炎時的驚人成果。

一九四八年的脊髓灰質炎大流行時，合計六十位患者被送到克連納博士的醫院。患者全部都有三十八．三到四十．三度的高燒和頭痛、眼痛、眼睛充血、喉嚨腫脹、噁心、嘔吐、便秘、肩頸酸痛、腳痛等症狀。藉由脊髓穿刺的診斷方式確定有十五人罹患脊髓灰質炎。此外有八人透過某些方式接觸到確診的患者。

當時沒有對全部的患者進行脊髓穿刺，因為六十位患者都出現脊髓灰質炎的症狀，而且為了避免血液中的病毒不慎從針刺入的部位進入到中樞神經，一般都盡可能不要進行脊髓穿刺。

有些讀者或許會質疑這六十名患者是否真的罹患脊髓灰質炎。

診斷之後，克連納博士就開始進行「高劑量維生素Ｃ療法」。他提到：「『超高劑量療法』與一般的抗生素治療非常類似」。

最初先給予一到兩公克的維生素Ｃ點滴，根據體溫的變化來進行治療並配合點滴，若體溫在兩個小時內沒有下降的話，就再一次進行同量的維生素Ｃ點滴。如果體溫明顯下降的話就先觀察兩個小時。最初的二十四小時一定要嚴格地遵循這個醫療模式。

二十四小時後，每隔六小時再進行同量的維生素Ｃ點滴。患者們的體溫持續下降，克連納博士最後得出「七十二小時後所有患者都治癒了」的結果。

不過，「全美醫學會」的年會中對此的評論也如同過去一般，這項論文並沒有在醫師們的心中停駐太久，很快地就煙消雲散了。

抑制急性肝炎的維生素C

急性肝炎會因為肝炎病毒感染肝臟而發病。其症狀為發燒、倦怠感、食慾不振、噁心等。目前對於急性肝炎仍無有效的治療法。因此，在醫學的教科書中只記載：「為了不讓病情惡化，只能抑制每個階段所出現的症狀。急性肝炎的症狀如果在六個月以內消失的話就沒問題，反之就會轉移成慢性肝炎。」慢性肝炎是造成肝硬化和肝臟癌的原因之一。日本每年約有六萬人死於肝臟癌，所以肝炎絕對是不可輕視的疾病。

然而，即使是這種急性肝炎，有報告指出只要施以充分的維生素C的話，就能輕易、迅速且完美地治癒了。

克連納博士對於急性肝炎的治療上，也提出「高劑量維生素C療法」是最佳的醫療選擇。他所建議的處方是以患者的體重去估算，每一公斤給予五百到七百毫克的維生素C，並且每八到十二小時就進行靜脈點滴注射。

如果患者的體重為六十公斤就給予三十到四十二公克的維生素C點滴，此外也將一天合計十公克的維生素C分成數次來口服攝取，之後在大多數的病例中都被指出其急性肝炎症狀會在四天之內消失。

口服和點滴都有療效

克連納博士也報告了只以維生素C口服攝取的方式來治療病毒性肝炎的病例。

報告中的一起病例顯示，該患者屬於輕症，因不喜歡注射而採用口服攝取。將大量的維生素C溶於水或果汁之中，每四個小時服用之後，肝炎的所有症狀則「在九十六小時之後完全消失」。四天之後所施以的維生素C總量為一百二十公克。

美國著名小兒科醫師倫敦・史密斯（Lendon Smith）在其著作《克連納博士的治療成果（The Clinical Experience of Fredrick R. Klenner）》中，提及這項肝炎治療的巨大成果。

某天，在克連納博士的診所裡，一位二十七歲男性有三十九・四度的發燒、黃疸和噁心症狀。這位男性在三十小時之內分成數次進行合計兩百七十毫克的維生素C點滴，此外也給予四十五公克的維生素C口服投藥。之後，尿液中不再排出膽汁，體溫也恢復正常，患者在兩天後就能回到職場中了。

還有一位二十二歲的男性急性肝炎患者，症狀為高燒和發冷顫抖。這位患者進行了六天的「高劑量維生素C療法」。其療法內容為合計一百三十五公克的維生素C點滴和一百八十公克的維生素C口服投藥。他也是完全復原，並在第七天後回到職場。

令人好奇的是，與這位男性患者待在同間病房的另一位男性，他很有可能會被這位男性患者所感染。沒有接受維生素C療法，安靜待在醫院病床並等待自然痊癒的這位男性竟然在醫院待了二十六天。

慢性肝炎的治療比急性肝炎還要困難，但卻也完美地治癒了。

四十二歲的男性患者在七個月內接受了類固醇的投藥，但症狀卻完全沒有改善。因此，改以一天施以四十五公克的維生素C點滴，並且一周進行三次，加上一天三十公克的維生素C口服投藥，以此方式持續五個月之後，報告指出其症狀全部都消失了。

預防輸血後肝炎發病

在第二章中提及的森重醫師與村田教授於一九七八年的報告中已經提出維生素C能夠殺死肝炎病毒的證據了。

一九六七到一九七六年，鵜飼醫院中在外科手術後接受輸血的一千五百三十七位患者中，有一千三百六十七人在六個月內口服攝取大量的維生素C，其中有三人發作血清肝炎。另外，在未施以維生素C或是僅施以少量維生素C的一百七十位患者中，則有十一位患者引發血清肝炎。

未施以維生素C或是僅施以少量維生素C的患者肝炎發病率為百分之六．五，一天施以二到六公克維生素C的患者之肝炎發病率為百分之○．二。

因此，維生素C不以口服投藥的方式，而是以注射的方式大量投藥的話，輸血後的肝炎患者數量預計可望歸零。

另外，三年後的一九八一年，新墨西哥州退役軍人醫院的諾德爾（Nordel）博士所提出的報告直接否定這項成果。其內容指出，在一天三千兩百毫克（一次八百毫克，總計四次）的維生素C攝取組與口服投藥的假藥對照組在進行外科手術後的肝炎發病率比較中，並沒有明顯的差異。

然而，只要仔細查看這項實驗，相對於森重醫師與村田教授在輸血後持續六個月的治療，諾德博士的治療期間僅有一百六十天，整整縮短了將近二十天的時間。

不論在過去或現在都是如此，破壞維生素C的治療結果可信度的「科學性論文」中，維生素C投藥量都會變得非常少，其實驗治療的期間也會明顯較短。

只要設好實驗條件，不論是什麼樣的結果都能夠得到，這就是實驗科學，所以忽視實驗條件，而只著眼在結果的論述實在是毫無意義的事情。總歸而言，這些都是「假科學之名行欺騙之實」。

「感冒爭論」仍持續當中

事實上，維生素C與感冒的相關研究在一九三三年，維生素C分子構造被決定之後就已經展開了。早從一九三〇年代開始，就有部分醫師知道維生素C對於胃炎和胃潰瘍有效。

一九三八年，德國的聖伊莉莎白（St. Elisabeth）醫院的羅傑．寇爾布許（Roger Kohlbusch）博士，對有頭痛等症狀的急性鼻炎患者施以一天一公克以下的維生素C口服投藥，並看到其有效性。此外，他也觀察到出現感冒症狀的患者在第一天注射兩百五十到五百毫克的維生素C之後，感冒的症狀就立即消失。

他提出：「維生素C比起任何一種感冒藥都還要有顯著的成效，即使大量投藥也不見嚴重的副作用。」

至此之後，調查維生素C對於感冒效果的實驗就不斷地被進行。然而，這些實驗中所使用的維生素C量幾乎都僅有一天一百到兩百毫克，所以「有效」的結果和「無效」的結果摻雜在一起，無法得出明確的結果。即使如此，只要檢討實驗的細項內容，就會瞭解到即使是少量的維生素C攝取也還是會產生效果。

一九四二年時，維生素C攝取量儘管僅有兩百毫克，但透過雙盲檢驗法的研究結果是「有效」。

到了一九六〇年代，使用以公克為單位的維生素C研究就此展開。

到了一九六〇年代後半，鮑林博士對於感冒與維生素C的關係深感興趣，徹底調查文獻之後的結果令他確信維生素C對感冒的有效性。於是他開始進行大量的維生素C攝取，並在一九七〇年出版《維生素C與感冒》。這本書分析了「維生素C能減輕感冒症狀，並促進身體恢復」的幾項研究論文，並加入博士自己的意見。

《維生素C與感冒》在世界上成為了暢銷專書，為了調查博士的主張是否屬實，一九七〇年以後，則進行了二十個透過雙盲檢驗法的試驗。

在這些臨床實驗中，儘管攝取維生素C的組別有症狀減輕的情形，或是促進身體恢復的成果，但是醫學界仍對於臨床上的維生素C效果有所爭議。

為什麼會造成這樣的情形呢？其中的理由則記載於一九九五年芬蘭的哈裡·赫米拉教授發表於《美國營養學會志（Journal of the American College of Nutrition）》的論文之中。

三十年以來持續被引用的「論文」

西奈山伊坎醫學院（Mount Sinai Hospital）的湯瑪斯・查爾默斯教授是臨床實驗中雙盲檢驗法的先驅者，也是對臨床實驗結果的分析引入「再分化（metanalysis）」的權威。查爾默斯的名字幾乎就等於雙盲檢驗法，美國醫學會為了紀念他的貢獻，更設立「查爾默斯醫學獎」。他就是這樣的大人物。

再分化指的是將過去所進行過的一些臨床實驗資料加以整理歸納並進行統計處理，是一種判定藥物效果的手段。透過這種分析法就能讓發表的論文具有說服力，是相當被信賴的方法。

一九七五年查爾默斯教授以論文發表的八項臨床實驗結果為主，進行維生素C對癌症效果之再分化，其結果則發表於《美國醫學雜誌（American Journal of Medicine）》。結果表示，如果服用維生素C，感冒病期可縮短〇・一一天，因此得出「維生素C對於感冒的治療效果並不存在正當的證據」。

一九七五年發表之後，多數研究者多次引用查爾默斯的論文中「維生素C對感冒無效」來作為證據。

舉例來說，美國營養協會公報或感染病、營養學相關的教科書都一直引用查爾默斯的論文。

一九八七年，美國醫學會正式表明「原本被廣泛誤用的維生素C就是抗壞血酸。大量攝取抗壞血酸既無法預防感冒，對於提早恢復症狀上也不存在可信的證據」。

被譽為世界性權威的醫學雜誌《柳葉刀》（The Lancet）的編輯也在一九七九年引用查爾默斯的論文，並表明「維生素C對感冒無效」。

就這樣，查爾默斯教授所留下來的「錯誤論文」在醫學界中被視為至寶，其結果是將「錯誤的結論」不假思索地視為真實，並且深化不疑。醫學界的權威所撰寫的作弊論文完全欺騙了醫學界。

論文的數值是「假象」

在一九九五年時，前面提到的赫米拉教授讓這個含有許多無法挽回的重大失誤的查爾默斯論文暴露在陽光之下。

說論文錯誤百出的原因在於查爾默斯教授完全沒有考慮到臨床實驗所採用的維生素C攝取量，論文所報告的只不過是維生素C組與對照組的感冒症狀恢復天數的再分化分析而已。這是一個在草率的計畫下進行的臨床實驗。舉例來說，被實驗者一天被施以二十五到五十毫克的極少量維生素C所得出的「無效」結果也直接在再分化分析中採用。

「維生素C的極少量攝取對於感冒的預防或症狀改善毫無效果」的結論根本沒有調查的價值。這種方法並非鮑林博士或其他研究者們所主張的。我們想知道的是，以公克為單位來攝取維生素C時，對於感冒是否有其效果。

這種「資料假象」不知道是刻意的，還是只是單純的失誤呢？我認為這和黑心食品是刻意還是失誤的問題一樣。如果是刻意的話就視同於犯罪了。假使他們解釋這並非刻意的話，那麼他們肯定是被那盡其所能想要降低維生素C效果的心態「無意識地」唆使所致。

到了二十年後的一九九五年，赫米拉教授再次調查查爾默斯教授所採用的論文，並在再分化分析之後發現，如果一天攝取一到六公克的維生素C的話，感冒恢復就會提早〇・九三天，也就是加快了百分之二十一，症狀約會減少三分之一。

主張「維生素C對感冒無效」的醫學論文，大多都是憑藉三十年前所撰寫的胡鬧論文所展開的。

治療流行性感冒的效果

一九九九年，美國猶他州的克雷伊・古登（Clay Gordon）博士和凱莉・賈維斯（Kelly Jarvis）博士對於維生素C之於感冒或流行性感冒症狀的功效提出報告。攝取維生素C的被實驗組由十八到三十歲的兩百五十二名學生所組成，對照組則由十八到三十二歲的四百六十三名學生所組成。兩位博士對維生素C攝取組與對照組所出現的「症狀」進行比較。

對照組被施以抑止疼痛的鎮痛藥或止咳的止咳藥來代替維生素C。維生素C攝取組則在出現感冒或流行性感冒症狀後每一小時給予一公克的維生素C口服藥並持續六個小時施藥，隨後則一天攝取三次各一公克的維生素C。此外，沒有出現症狀的學生也被給予一天三次，一次一公克的維生素C。

結果顯示，維生素C攝取組中的感冒或流行性感冒症狀比對照組還要少百分之八十五。

這項研究中所使用的維生素C總量比克連納博士所採用的量明顯要少得多。以此與之前所進行的感冒與維生素C研究相比之後，得以證明維生素C的投藥量有多麼地重要。

針對流行性感冒治療的維生素C使用文獻並沒有太多。由於肝炎或脊髓灰質炎都能治癒，所以對於症狀較輕的流行性感冒，可能就有認為未必需要研究並撰寫論文的傾向。在此就只介紹一個事例。

李維博士的著作《維生素C救命療法（Curing the Incurable: Vitamin C, Infectious Diseases, and Toxins）》中提及，西班牙的瓦加斯·孟（Vargas Mohn）博士於一九六三年進行對一百三十名患者施以維生素C治療研究。

在一到三天之間，對十到四十歲患有流行性感冒的患者施以最大達到四十五公克的維生素C。維生素C投藥量儘管因人而異，但是根據孟博士的報告指出其中有一百一十四人恢復，有十六人沒有恢復。

主張維生素C對感冒無效的人一天只攝取一到兩公克的維生素C。

下一章中，我們要試著思考為了維持我們的健康，究竟每天該攝取多少維生素C才好呢？

第5章　取得「驚人效果」的攝取方法

壞血病的預防從用量來決定

健康的成年人一天應該攝取多少維生素C呢？要解答這個問題實在很困難，因為至今仍未取得充足的科學資料。

表示維生素C攝取標準量的數值為RDA（Recommended Dietary Allowance，一天的建議攝取量）。一九四一年，美國政府為了守護國民健康設立的美國科學學院中，一場學術研究會議上，食品營養局訂定了RDA的數值，這是一種「一天要攝取的營養素量」的建議數值。日本也以RDA數值為標準來制定攝取需求量。

維生素C的RDA值是以「預防壞血病的必要攝取量」來訂定的，這樣的標準只要短時間的研究就能輕易推斷出結果。預防急性壞血病的維生素C建議用量一天為五到六毫克，因此，美國所訂定的維生素C的RDA值長年以來不論男女都是六十毫克。最近則提升到成年男性九十毫克、成年女性七十五毫克。

日本的維生素C必需量不論男女都是一天五十毫克，而在二〇〇〇年四月，則更改為一百毫克。這是以維生素C的血中濃度足以維持在五十微莫耳（血液一百毫升中含〇．九毫克）的程度所推算的攝取量。然而，孕婦至少要攝取一百一十毫克，而哺乳中的婦女則要攝取多達一百四十毫克。

日本制定的維生素C必需量（一百毫克）比起美國過去所制定的六十毫克還要謹慎，但它仍然只是以預防壞血病為目的所制定的數值。

本書則主張預防壞血病的攝取量完全不足以達到最佳健康狀態。

建議用量RDA的問題

美國食品營養局定義RDA值是「以科學知識為基礎，顧及所有健康民眾適切的營養需求所必須攝取的營養素量」。

然而，RDA值存在幾個問題。其一，這個數值從一開始就沒有將累積疲勞的人、壓力大的人、體弱多病的人或疾病患者等需要攝取更多營養素的人視為考慮的對象。也就是說RDA值本身並不是那麼具有「科學根據」。美國多數的科學家或營養師們也都陸續對RDA值的科學根據或有效性提出質疑。

其二，這個數值完全無視個體的差異，並用單一的RDA數值來表示所有人的必需量。因為泛酸（維生素B_5）的發現，讓知名的德州大學的羅傑·威廉斯（Roger J. Williams）教授在五十年前的一九五六年出版著作《生物化學的個體差異（Biochemical

Individuality）》，其內容明確表示「以單一的RDA數值來表示是不恰當的」。

在能夠取得個人DNA堿基順序（base sequence）的現代，透過對應於個體的生物化學，傳統西方醫療和營養療法都漸漸轉為「客制化」。以預防急性壞血病為目標，並適用於所有人的單一RDA數值早已不符合時代潮流了吧。

每個人的差異可達八十倍？

個人的差異性到底是什麼東西呢？長年以來，人類基因研究證實每個人的基因都是不一樣的，而且個體的差異也是非常廣大而顯著的。每個人類彼此都有著偌大的差異，所以每個人都必須作為「個體」來看待。

由於人類會盡可能避免近親結婚，所以比起其他絕大多數的動物而言，人類的基因異質性（個人差異性的幅度）會相當高。實驗中所使用的天竺鼠之異質性雖然明顯比人類要低，但還是存有一定的異質性。威廉斯教授在一九六七年的《美國科學學院學報》發表的維生素C相關報告中提及此事實。

威廉斯教授的實驗室給予合計一百〇二隻天竺鼠缺乏維生素C的飲食和定量的維生素

C，並在八周後觀察其壞血病的發病率與成長（體重增加的情形）。

每天每一公斤的體重就給予〇．五毫克維生素C的天竺鼠，在八周之後有八成罹患壞血病，而攝取一毫克和四毫克的天竺鼠則各僅有百分之三十六和百分之二十五隻會出現症狀。其結果為若要預防壞血病，天竺鼠就必須每天攝取每一公斤的體重五毫克的維生素C。

每一公斤的體重給予一毫克維生素C的天竺鼠中，只有兩隻沒有健康上的損害，在八周的實驗期間中有體重上升的現象。另外，每一公斤的體重給予八、十六、三十二毫克的天竺鼠中，則有七隻健康無虞，體重有微幅的增長。

透過這一連串的實驗，威廉斯教授在一百〇二隻天竺鼠個體中的維生素C必需量中，作出其變動的幅度至少有二十倍的結論。此外，由於人類的異質性會比天竺鼠還要高，因此他指出每個人的維生素C必需量「至少也會有二十倍以上的差距」。

鮑林博士則認為每個人類在維生素C最佳攝取量上應從一天二百五十毫克增加到二十公克，他說：「也許是八十倍，甚至是更大幅度的差距吧！」

現代人是慢性維生素C缺乏症

ＲＤＡ的第三個問題在於這個數值完全無區分急性與慢性缺乏的差異。

舉例來說，即使攝取比ＲＤＡ值多出數倍的維生素Ｃ，也還是有可能引發心臟病或腦中風等慢性疾病或老化，因為有罹患沒有出現症狀的輕度壞血病的可能，也就是「慢性維生素Ｃ缺乏症」。此缺乏症依然會持續傷害身體，只是病症較為溫和緩慢。

這個假說具有相當充足的科學根據，但是要實行檢證的實驗卻是十分艱難。慢性疾病或老化的研究必須要經過非常長久的歲月，而現代科學研究皆要求要在短時間出現成果。

即使要調查長時間攝取不同含量的維生素Ｃ所產生的效果，並且使用壽命較短的動物，在實驗結束之前也還是需要數年的時間。當然，其研究費用也會居高不下。舉例來說，實驗中最頻繁使用的天竺鼠，其平均壽命為六年。而若以人類作為對象，花費八十年的時間來追蹤攝取不同含量維生素Ｃ的效果……其困難度可想而知。

首先，被實驗者必須「縱其一生都要持續攝取」訂定好的維生素Ｃ量。其次，被實驗者必須同意「被其他人觀察」並給予協助的絕對條件。再來，這對於持續觀察的科學家來說，也會花上一輩子的時間。這樣的實驗勢必得持續進行幾個世代之久。

因此，現在仍無法得出具有科學性且可信度高的實驗結果。

當然，政府也無法提出心臟病和腦中風的發生並非在於「建議的維生素C攝取量過低」的證據。由於沒有科學性根據，維生素C的必需量目前就只能仰賴「專家的意見」了。

要是「慢性維生素C缺乏症會引發慢性疾病」的假說是正確的話，承受現在錯誤的維生素C攝取量所帶來的結果的人不是遠在天邊的某個誰，就是我們全體人民了。

只能製造出富含營養素的尿液

某些研究者並不遵循「專家意見」所規定的一天應該攝取的維生素C量，而是試圖以科學性的方式來決定，於是開始搜集維生素C吸收與排泄相關的生物化學資料。因為個人的健康狀態、年齡或性別差異上的不同肯定會影響結果，所以實際取得的資料只限於以少數健康且年輕的成年人為對象的資料。年幼者、高齡者、病患相關的維生素C吸收與排泄資料則完全不明。

有幾篇論文是以健康且年輕的成年人為對象。不過這幾篇論文所呈現出來的資料都很類似，所以在此介紹其中較具代表性的例子。

如果口服攝取量達到六十毫克時，幾乎能達到百分之百地被吸收。隨著攝取量的攝取增加，被吸收的總量也會上升，但是被吸收的比率會逐漸下滑。

例如一百毫克的攝取量能使吸收率達到百分之八十到九十，但當攝取量到達一公克（一千毫克）時，吸收率僅有百分之七十五，二公克攝取量為百分之四十四、三公克攝取量為百分之三十九、六公克攝取量為百分之二十六、十二公克攝取量為百分之十六……吸收率會緩慢地下滑。

這項資料中，當一次口服攝取十二公克時，會有一．九公克的量被吸收，其餘十．一公克會直接被排泄掉。由此可知，「一次性的大量攝取」是有其負荷極限的。

少量攝取的時候，維生素就能有效地被吸收，但隨著攝取量的增加，被排泄的維生素C比率也會逐漸上升。一般來說，對生物體有用的物質會被存在於腎臟裡的再吸收幫浦回收，然而當維生素C達到大量時，再吸收幫浦的能力就會超過負荷。

如果從其他角度來看的話，一開始攝取六十毫克的時候，尿液中並無檢驗出維生素C，而當攝取量超過一百毫克時，尿中的維生素C量就會劇烈地上升。這簡直像是當維生素大量增多時，身體就會把多餘的維生素C排泄到尿液中。換句話說，攝取一百毫克以上的維生素C只能產生富含維生素C的高級尿液而已——所以有很多維生素專家都認為一百毫克的攝取量已經是身體組織達到飽和的程度了。

表 5-1 口服攝取維生素 C 的吸收與排泄率

攝取量（mg）	吸收量（mg）	吸收率（%）	排泄到尿液中的量（mg）	尿中排泄率（%）
～60	～60	100	0	0
100	80～90	80～90	10～20	10～20
1000	750	75	250	25
2000	880	44	1120	56
3000	1172	39	1828	61
4000	1099	28	2901	72
6000	1560	26	4440	74
12000	1920	16	10100	84

出處：Hicky and Roberts, Ascorbate（2004）

美國國立衛生研究所（NIH）正式提出健康且年輕的成年男性的維生素C之RDA值為兩百毫克。同研究所的萊文博士以健康且年輕的成年男女為對象，進行維生素C的吸收與排泄實驗。研究結果使他認為「即使攝取四百毫克以上也是沒有效果的」。

因為維生素C的血中濃度「不會超過七十微莫耳（一百毫升的血液中含有一．二毫克）」。

然而，這項主張是完全錯誤的。原因在於維生素C的口服攝取不能「一次性」攝取，而是要透過「分次反復」的攝取方式來使血中濃度提升到兩百二十微莫耳（一百毫升的血液中含有三．九毫克），等同於七十微莫耳的三倍左右，之後就能維持這樣的濃度狀態。

「吸收和排泄」的高度機制

連維生素C的研究者都少有能夠正確理解維生素C在體內的作用，更何況一般人。不過，如果能學習到正確的基本知識，要理解其中的作用機制絕非困難之事。口服攝取的維生素C會從哪裡進入體內？在體內又會有什麼樣的變化呢？首先我們就從維生素C的吸收到排泄的過程來一探究竟吧。

從口進入的維生素C會通過胃部進入腸道而被吸收，接著進入血流之中。其中有少量的維生素C會從口部或胃部吸收。而進入到血流中的維生素C並不會一直待在血流中，它會隨著血液的流動被運送到各個組織，並累積於組織中。

當然，所有組織都不會累積過多的維生素C。維生素C濃度已經證實在腦部、腎上腺、白血球、眼睛的水晶體、肝臟等組織中會明顯較高。這是因為這些組織都是人類的「生存必需組織」。

舉例來說，身體一出現感染病症時，白血球就會為了消滅細菌而釋放出毒性猛烈的活性氧。此時，為了保護身體不被活性氧的誤傷而受害，就需要大量的維生素C了。白血球的壽命短至僅有數小時到數天的時間。其存活的時間長度取決於抗氧化物質的數量。相對於紅血球的壽命約有一百二十天，白血球的壽命是極為短暫的，由此可知活性氧破

圖 5-1 維生素 C 的吸收和排泄

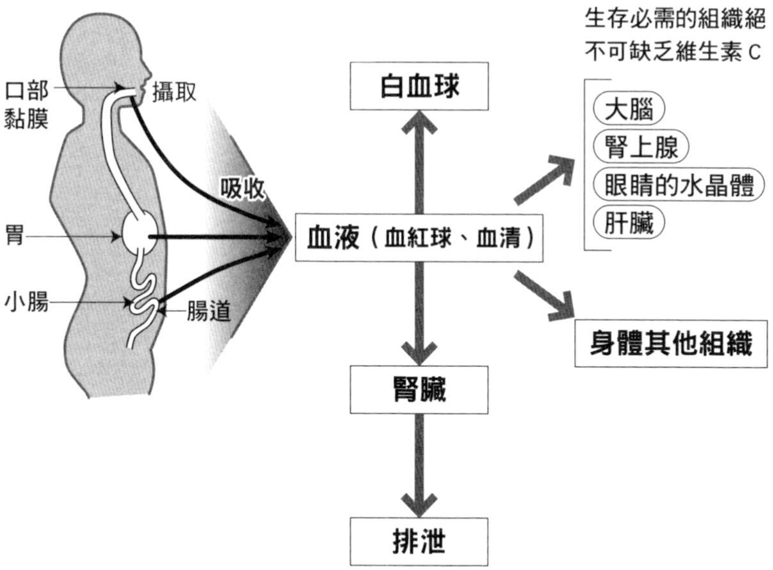

壞力之強大。

生物的「生存必需的組織」中，維生素C的濃度之所以明顯較高的原因是：這些組織的細胞表面都具備「能吸納維生素C的高性能幫浦」。多虧這些高性能幫浦的幫忙，讓這些必要組織的維生素C濃度能在維生素C快要不足的時候也能維持在高濃度。

這些必要組織比一般組織更能蓄積高濃度的維生素C，所以一天的維生素C攝取量如果有一百到兩百毫克的話，根本不會罹患壞血病。反過來看，一般組織就可能會有慢性維生素C不足的情況。

表 5-2 身體各組織每一百公克所含有的維生素 C 量 （單位：毫克）

腦部	25
腎上腺	70
肝臟	30
眼睛的水晶體	31
血液	1.2
血管	5
白血球[1]	35

1 每一億個白血球含有的維生素 C 的量

出處：King 等

吸收能力高的幫浦

從血液中被運送到組織的維生素C會如何進入到細胞裡呢？

由於維生素C是細胞必要的營養素，所以所有細胞都能夠將維生素C吸收到細胞裡。不過，每個細胞之間的吸收能力有著相當大的差異。會有這種差異的原因在於細胞膜所具備的維生素C吸收幫浦的性能不同。

就如前面所述，需要蓄積高濃度維生素C的組織細胞膜裡，都裝載著將維生素C吸收到內部的高性能幫浦。

這種高性能幫浦也分有幾個種類。最具代表的就是「葡萄糖載體」，它能將葡萄糖或是氧化的維生素C（氧化型維生素C、去氫抗壞血酸）有效地吸收到細胞內部。

圖 5-2 維生素 C 會透過高性能幫浦而被吸收到細胞內

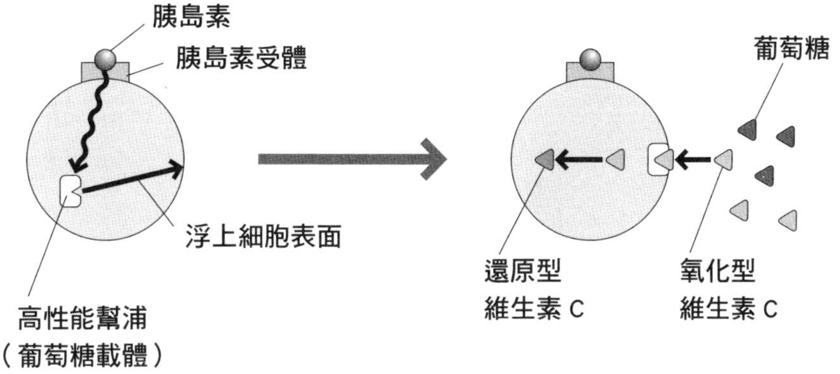

原本維生素C的分子構造就類似於葡萄糖了，而還原型又比氧化型更為相似。因此，葡萄糖載體除了葡萄糖之外，也會將氧化型維生素C運送到細胞內。

然而，葡萄糖載體並不會一直作用。平時的葡萄糖載體存在細胞內部，所以並不會吸收葡萄糖。當胰臟釋放名為胰島素的激素與細胞表面的受體對接後，葡萄糖才會從細胞內部浮上表面，進一步抓住血液中的葡萄糖或氧化型維生素C，並將其吸進細胞內部。

然而，幫浦的數量是有限的，所以氧化型維生素C與葡萄糖為了獲得幫浦就會彼此競爭。葡萄糖會比氧化型維生素C優先被吸進細胞內，所以葡萄糖愈多，維生素C的吸收就會愈低。

被吸到細胞內的氧化型維生素C則會透過還原酶而再生成維生素C。

因此，維生素C才能被大量蓄積在腦部、腎上腺、白血球、眼睛的水晶體、肝臟等人類的「生存必需組織」。

幫浦的能力也有其限度，所以血中的維生素C濃度過低時，細胞內的維生素C濃度也會跟著下滑。反之，血中的維生素C濃度一旦高漲的話，細胞就能安定地持續聚集維生素C。維生素C幫浦的存在本身也是細胞極力避免維生素C不足的證據。

阻礙維生素C的葡萄糖

維生素C是單純的分子，其構造也相當類似於葡萄糖，而葡萄糖可以透過飲食大量被攝取。日本人一天會攝取到的兩千大卡之中有百分之六十是醣類，所以一天所攝取的葡萄糖就能達到三百公克。

這種似是而非的物質就容易變成競爭對手。維生素C和葡萄糖也存在著競爭關係，雙方為了要進入細胞而互相競爭。

因此，血液中的葡萄糖濃度（血糖值）一高，維生素C能進入到細胞裡的量就會變少。當罹患感冒或其他感染病症時，即使攝取維生素C也難以產生效果的首要原因就是只攝取一到兩公克的少量維生素C，再加上平時的醣類攝取就已經過多了。

由此可得出一個結論：一旦感冒或罹患其他感染病症的話，就要攝取更多的維生素C（二十公克以上），反之砂糖或醣類的攝取量則要減少。

其中要注意的是：維生素C錠劑或含維生素C的飲品大多都含有大量阻礙維生素C作用的醣類。被攝取的砂糖會迅速地分解成葡萄糖，所以飲用含糖飲品，就會使得之不易的維生素C效果減弱。如果要攝取維生素C，就要購買維生素C粉末或是錠劑才是明智之舉。

導致維生素不足的糖尿病

如果葡萄糖載體無法作用的話，細胞就無法利用維生素C。

當胰島素不足，或是胰島素的效果下滑的時候，就會出現上述狀況。如此以來，血液中的葡萄糖就無法進入細胞形成高血糖，並且引發糖尿病。

與此同時，葡萄糖載體會因而無法作用，所以細胞就會處於維生素C不足的狀態。此外，葡萄糖跟維生素C彼此是競爭對手，所以在高血糖的狀態之下，細胞就更難以吸收維生素C。糖尿病與維生素C不足是同時發生的。

糖尿病是由於血糖值呈現慢性高升的狀態而引起血管障害的疾病。糖尿病最可怕的就是引發導致麻痺或疼痛等神經損害，並進而造成陽痿、白內障或網膜症併發失明、腎臟病、足部壞死等併發症。

引起這些併發症的原因在於糖尿病患者的細胞或組織，甚至在血管都出現慢性的維生素C不足，因此就無法保護身體免於活性氧的攻擊。

血中濃度會上升三倍以上

只要服用一公克的維生素C錠劑（或是粉末），從腸道吸收並進入血液之後，其血中維生素C濃度約會提升到一百四十微莫耳（一百毫升的血液中有二．四毫克）。不過，維生素C會隨著尿液一起被排出去，所以濃度會慢慢地下降，四個小時之後，就會恢復到健康常人的標準值七十微莫耳（同量血液含一．二毫克）。

即使一次攝取多量的維生素C，雖然會暫時使血中維生素C上升，但在三十分鐘之後就會減半，數個小時之後則會回到原來的數值（七十微莫耳）。正如以萊文博士為首的

圖 5-3 攝取量的差別對血中維生素 C 濃度的影響

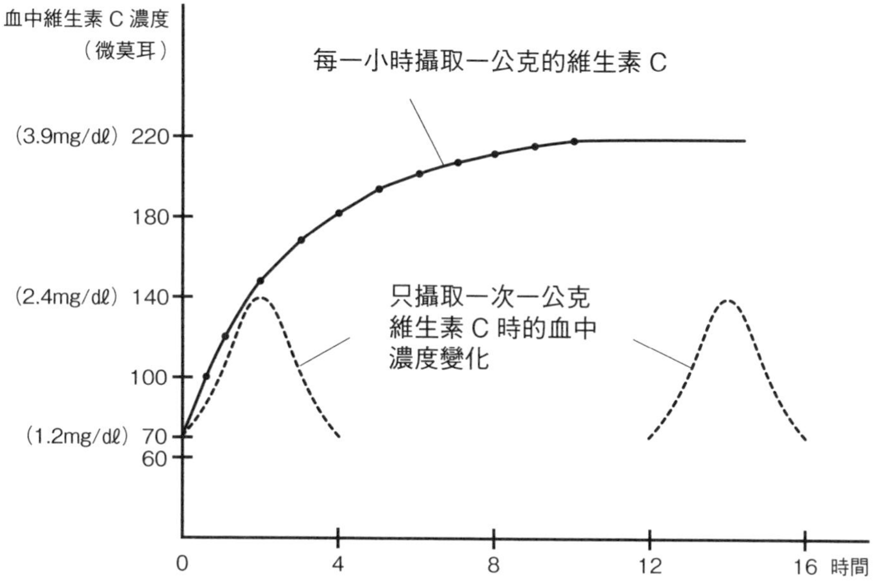

眾多研究者所提出的報告一樣，維生素C在血中的半衰期是短暫的。因此，只口服攝取一次的維生素C也只會提高幾個小時的血中濃度而已。這個事實則成為美國國立衛生研究所（NIH）和萊文博士將維生素C的RDA值設為兩百毫克的科學根據。

如此一來，「維生素C的大量攝取（mega dose）療法」不就毫無意義了嗎？答案絕非如此。

維生素C的口服攝取不能只有一次，而是要透過多次的反覆服用，如此才能得到完全不同的結果。最初所攝取的維生素C在被排泄出去之前，也就是在四個小時之內進行下一次的口服攝取，維生素C的血中濃度就會微幅地上升。此外，在四個小時之內再進行第三次的攝取的話，濃度又能再度提升。

如果將服用的時間間隔縮短，以每小時進行一次口服攝取的話，血中的維生素C濃度就會緩慢且持續地上升到兩百二十微莫耳（同量血液中含有三．九毫克）左右。這個數值是普遍健康的常人之標準值七十微莫耳的三倍以上。因此關鍵就在於不能只攝取一次的維生素C，而是要短時間內攝取多次的維生素C（連續攝取）。

美國國立衛生研究所（NIH）和萊文博士主張「一天只要攝取兩百毫克的維生素C就足夠了，超量攝取是無效的」的科學根據將因此而完全崩塌。

一次性的攝取與連續性的攝取之間的差異究竟是怎麼一回事呢？

請試想以下情景：在一個裝滿水的水桶側面挖一個洞。

當水不斷地從洞裡流出來，如果不追加水量的話，水桶的水位就會低於洞的位置了。之後即使再倒入一杯水，儘管水位會微微地上升，但也無法裝滿整個水桶。稍微上升的水位在洞口流完一杯水的水量之後，立刻就會回到原來的水位。

這可以用來比喻一天只口服攝取一次維生素C時，血管所發生的狀況。血中濃度只會上升幾個小時，不久後還是會回到標準值的七十微莫耳。

然而，只要每小時口服攝取維生素C的話，所產生的效果就會和自來水的水龍頭直接對著水桶倒水一樣。如果自來水能多過從洞裡流出去的量，水桶很快地就能被裝滿了。因此，曼徹斯特都會大學（Manchester Metropolitan University）的史蒂夫・希基（Steve Hickey, PhD）博士與希拉蕊・羅伯茨（Hilary Robert）博士將此命名為「動力流（Dynamic Flow）」的理想狀態。

處於「加滿狀態」就不會生病

動力流（Dynamic Flow）也就是「處於水桶裝滿狀態的人」，其維生素C的血中濃度約為兩百二十微莫耳。處於此狀態下的人是很難罹患疾病的。這又是為什麼呢？

血液大約占體重的百分之八，所以體重六十公斤的人身體裡大約會有五公升的血液流動。血液中如果充滿維生素C的話，血液中最多的紅血球就會慢慢地吸取維生素C並蓄積起來。過了一陣子之後，紅血球在吸滿維生素C時就會停止吸取。此時，維生素C就會在紅血球和血液之間形成平衡。

不久後，血液中富含的維生素C就會被運送到身體的各個組織中。如此經過一定的時間之後，組織的維生素C濃度就會與血液中的維生素C濃度一致，甚至更高。達到此狀態的人全身所存在的維生素C總量會比平時沒有攝取維生素C的人還要多出數倍。這種動力流就是能維持健康的最佳狀態。

處於動力流狀態的人即使中止攝取維生素C，直到腎臟排泄維生素C之前，都能夠保持在高水準的狀態。經過一段時間之後，組織的維生素C濃度會比血中濃度還要高，所以維生素C反而會從組織流動到血液中。從組織流動出去的作用就會讓血液中的維生素C濃度在一定的期間維持高水準的狀態。

處於動力流狀態的人罹患感冒或感染病症時，比起沒有動力流狀態的人而言會格外具有優勢，原因在於前者能夠使血中維生素C濃度維持在高水準的狀態，所以就能直接對抗細菌。

特定組織即使因為這種對抗細菌的過程而使維生素C濃度暫時下滑，其他組中所蓄積的預備維生素C也能透過血液輸送過去。因此，血中濃度和特定組織的濃度就不會因為對抗細菌的過程而下滑。

一日分數次攝取

如果使用動力流的模型就能預測出各種維生素C攝取量所帶來的效果。如果沒有達到動力流狀態的話，就無法確實防禦疾病，所以在一天使用三公克以下的臨床實驗中，其結果應該不會一致。

如果一天進行一次的口服攝取，維生素C的半衰期就會縮短，而五百毫克以上的攝取量，則會得出相似的結果。一次口服攝取大量的維生素C能讓生物體維持四到六小時的保護效果。因為這段時間的血中維生素C濃度處於高水準。

一次大量攝取維生素C比起以相同的量分數次口服攝取的方式而言，只能獲得數分之一的效果。就如藥物研究所證實的，「藥物效果與血中濃度成正比」。因此，一天分數次攝取維生素C會比一天只攝取一次的方式還要能長時間保護生物體。

維生素C的半衰期縮短，所以在一天只口服攝取一次的維生素C臨床實驗中，會得出維生素C原本的能力被低估的結果也就可想而知了。主張維生素C對感冒無效的人一天往往只攝取一次一到兩公克的維生素C，所以完全無法發揮維生素C的效用。

此外令人遺憾的是，至今為止的維生素C臨床實驗大多數都是使用一天只口服攝取一次的方式來進行。

口服攝取也有助於癌症治療

在第1章中提到：透過點滴所達到的超高濃度維生素C不會殺死正常細胞，只會針對性地消滅癌細胞。此時的維生素C濃度為二十毫莫耳。不過，就如同到目前為止我們所談的，口服攝取的資料會比此方式還要少兩個位數，只有兩百二十微莫耳（〇．二二毫莫耳）。然而，即使如此，維生素C還是具有抗癌效果。

著名精神科醫師亞伯拉罕．霍夫（Abram Hoffer）博士在末期癌症治療上實行了以維生素C為中心的營養療法。

博士的治療法是每天給予末期癌症患者平均十二公克（三～四十公克）的維生素C與其他維生素或礦物質，並分三次來服用。在此過程中並不使用維生素C的點滴。

一九七八年一月到一九九四年二月為止，診察五百〇九名末期癌症患者的結果被報告出來。維生素C攝取組有四百五十七人，無攝取維生素C的對照組有五十二人。

結果顯示維生素C攝取組比對照組更能達到延命的效果。由此可知，沒有注射點滴而只有口服攝取維生素C就能幫助癌症患者延長壽命。這是因為「維生素C能抑制癌症」。

這個案例不同於點滴治療，維生素C不會直接殺死癌細胞，而是促進膠原蛋白的合成並強固身體結合組織，藉以預防「癌轉移」，以及透過誘導消滅癌細胞的干擾素（interferon）

圖 5-4 癌症末期患者口服攝取維生素 C 的效果

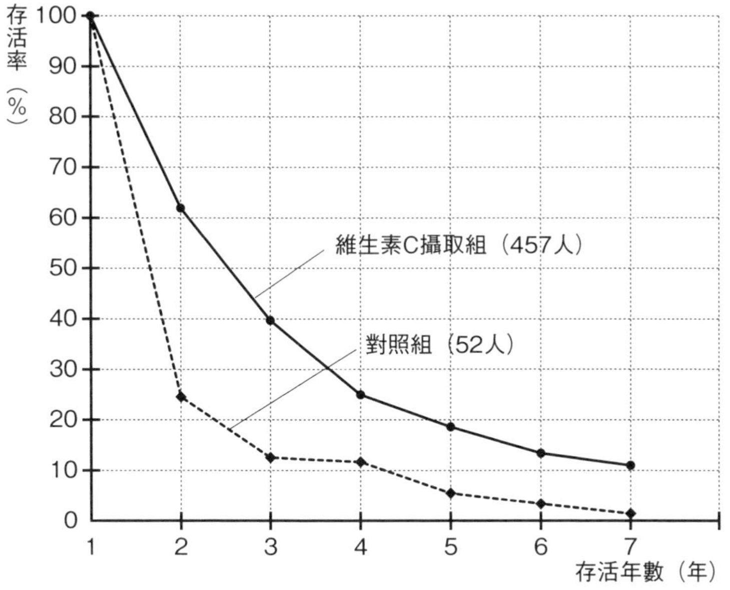

維生素 C 攝取組一天攝取平均十二公克的維生素 C 與其他維生素或礦物質，並分三次來服用

出處：A. Hoffer with L. Pauling, Healing Cancer（2004）

來間接抑制「癌細胞的增殖」。

「炎症」會讓人類生病

人類處在感染病症、接觸到毒素、外傷（細胞的破壞）、過敏、熱休克、壓力等苛刻的狀態之下，體內就會產生活性氧，並引起炎症。這種炎症如果拖得太久就會使細胞氧化，並引發癌症、心臟病、腦中風等疾病。

總歸而言，健康細胞雖然是處於富含電子的還原狀態，但是這種電子會被活性氧奪走，之後就會形成疾病的氧化狀態。因此，為了維持健康，就只能給予氧化型細胞電子並使其成為還原型細胞。執行這項重大任務的就是維生素C。

細胞失去電子並走向氧化狀態時，還原型維生素C就會給予細胞電子。接著細胞就會恢復到還原狀態，另外，還原型維生素C會變化成氧化型（去氫抗壞血酸）。因為維生素C的犧牲，才得以預防細胞的氧化。

這裡也可以將氧化換言為「炎症」。舉例來說，炎症占癌症發作原因的百分之三十。從正常細胞變為癌細胞，多半是因為正常細胞的DNA被活性氧氧化所致。

因為石棉所誘發的癌症就是一個典型的例子。

吸進肺部的石棉微粒子會傷害肺細胞，藉此使其周圍的細胞受到刺激。刺激是一種通知敵人入侵的信號，所以免疫系統的白血球就會察覺到「這是嚴重的事情」而聚集於刺激發生部位的周圍，再進一步釋出活性氧以消滅敵軍。

大抵來說，這樣的過程就能夠殺死細菌了。不過，石棉並非細菌，而是一種無機物，所以毒性猛烈的活性氧會不為所動，周圍組織就會受到嚴重的傷害。細胞內的DNA受到損害，細胞的成長與增殖也失去控制，因而大步邁向癌症形成的階段。

石棉的微粒子本身並不會引發癌症。癌症是因為生物體對微粒子的反應，也就是活性氧在組織引起的炎症所導致的。

圖 5-5 維生素 C 使細胞維持還原狀態

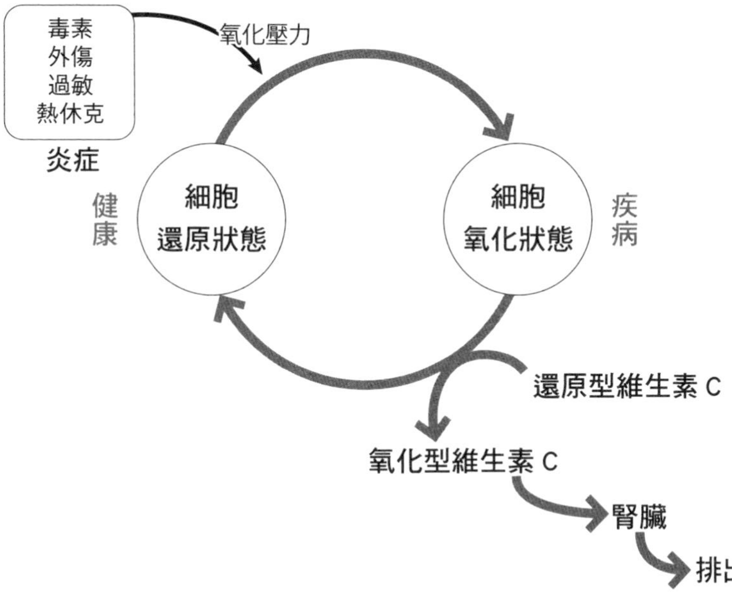

炎症就是這麼開始的。

首先，受到損傷的組織附近的微小血管會擴張，並增加血液流動。接著血管內側細胞也會擴張，並產生細小的間隙。血管內的水、鹽分、細小蛋白質就會透過這個間隙流到受損的組織中。如此一來，受損的組織就會膨脹且緊繃。

這個部位首先會聚集中性白血球，接著巨噬細胞和淋巴球也會隨即而來。巨噬細胞會吞沒細菌，淋巴球則會釋放出加速炎症的激素。

這些白血球的活動取決於活性氧和氧化還原的信號。白血球將活性氧釋放到組織中。活性化的中性白血球和巨噬細胞就會吸取由呼吸所取得的氧氣，並一邊消耗葡萄糖，一邊將吞沒的細菌暴露於活性氧來予以消滅。此時白血球消耗的氧氣量據說是一般情況下的二十倍。

白血球會維持細胞內維生素C的高濃度，並一邊保護自己免於活性氧的傷害，一邊努力消滅敵人。此時白血球會比一般情況下多消耗三十倍的維生素C。

糖尿病的合併症也和活性氧有關

一九二一年，加拿大多倫多大學的弗雷德里克·班廷（Frederick Banting）博士和查理斯·貝斯特（Charles Best）博士發現了「胰島素」。自此以來，胰島素注射就成為控制糖尿病的方法。這拯救了多數人的性命，但也依然使糖尿病患者必須長期承受眾多的症狀之苦。

原因在於施打胰島素也無法治癒糖尿病，患者透過胰島素治療得以控制病情，但是仍有許多患者會出現心臟病、腦中風、糖尿病網膜症、白內障、腎臟病、末梢神經損害等併發症。糖尿病真正可怕之處就在於這些併發症。

至今為止，併發症的發作原因在於，即使攝取胰島素也無法適切地控制住血糖值進而導致發病。不過，除此之外還另有其他解釋。

糖尿病患者的高血糖會阻礙細胞對維生素C的吸收，所以也可以將併發症視為「糖尿病導致的併發症是因為缺乏維生素C所引起的」。糖尿病患者因為維生素C不足，所以無法抵抗大量活性氧對組織的整體攻擊。

舉例來說，糖尿病患者血液中的氧化脂肪濃度會比健康常人還要高，反之在維生素C濃度上則會比較低。維生素C濃度不足就無法阻止脂肪的活性氧導致的氧化反應。

尤其是高血糖容易引發葡萄糖與蛋白質對接的糖化作用。此外，葡萄糖連接的蛋白質會比正常的蛋白質容易受到氧化作用，所以就容易成為活性氧攻擊的標靶。

事實上，就連發病原因或治療法已經「被釐清」的糖尿病相關疾病中，活性氧所帶來的傷害對於併發症的發病也位居重大的關鍵地位。

氧化會追殺細胞

氧化不僅會使細胞致病，還會使細胞死亡。人類在患病時或組織受損時，細胞會透過細胞凋亡和壞死等兩種過程死去。

「細胞凋亡」指的是透過縮小細胞而使保存ＤＮＡ的細胞核萎縮，並持續這樣的狀態

表 5-3 還原型維生素 C、氧化型維生素 C 與疾病的關係

	還原型	氧化型	組織的狀態
健康的組織	多	少	還原狀態
生病的組織	少	多	氧化狀態

使細胞分解為片斷。細胞會活化自己內建的自殺系統，進行自我破壞。因此，細胞凋亡也被稱為「程式化死亡」。

細胞凋亡多以集團的形式來進行。這是因為逐漸死去的細胞會在周圍釋放大量的活性氧，而這種活性氧會使其他細胞也走向細胞凋亡。

另一個「細胞壞死」則是細胞膨脹，細胞核之間的ＤＮＡ、線粒體會被活性氧所破壞，並使細胞破裂。細胞的內容物溢出細胞外時，會釋放出更為大量的活性氧，所以其他細胞也會因而死去。

事實上，細胞死亡的過程，並不會被明確地區分出是凋亡還是壞死。細胞死亡大多都參雜著這兩種方式，而且具有相同的共通點「細胞會被氧化致死」。

患病的動物會增加維生素Ｃ

之前已經提過：人類健康的時候，組織會處於富含電子的還原狀態，患病時，組織則會處於電子不足的氧化狀態。

還原狀態中的組織一受到活性氧的攻擊，就會失去電子而處於氧化狀態。這種狀態一旦持續進行，細胞就會如前面所述一樣啟動自殺系統。細胞就會自行產生活性氧而逐漸死去。

此外，組織會因為炎症、毒素、細胞的破壞等因素而失去電子，並走向氧化狀態，此時還原型維生素C就會給予組織電子。如此就能使組織恢復到原本的還原狀態，但是維生素C則會從還原型變為氧化型（去氫抗壞血酸）。

組織的氧化程度愈高，疾病愈嚴重，氧化型維生素C也會增多，還原型維生素C就會因此變少。反之，組織的氧化程度低，身體愈健康，氧化型維生素C就會變少，而還原型維生素C就會增多。

因此，還原型維生素C和氧化型維生素C的比率（還原型/氧化型）則以組織的健康程度為準。這個數值愈高就代表身體愈「健康」。手術或創傷等組織損傷相對於還原型維生素C來說，氧化型維生素C就會增加。因此糖尿病患者的氧化型維生素C會愈來愈多。患有炎症或關節炎的白老鼠的氧化型維生素C也會逐漸增加。

能在體內生成維生素C的動物中，透過其生成量的增加就能對抗疾病。有報告指出感染瘧疾的老鼠會增加兩倍的維生素C生成量。生病的山羊在維生素C的生成量上會比健康時要多出六倍，換算為體重六十公斤的人類則可在一天生成出七十八公克的維生素C。

多數的動物在生病之後都有（還原型/氧化型）比率上的提升。因此，體內無法生成維生素C的人類就必須透過營養補給品的方式來大量攝取維生素C了。

疾病與維生素C比率

維生素C比率對人類而言也會因應疾病的狀態而有所變化。史東博士以感染病症患者為對象的還原型與氧化型維生素C的相關論文為基礎，並計算其比率。

健康常人的還原型維生素C會比氧化型還要多，所以維生素C比率高達十四．〇。髓膜炎、破傷風、肺炎、傷寒致死的患者，其比率則處於〇．三到〇．五等極低的數值，而正與疾病奮戰的患者則處於〇．七到一．三；已經恢復的患者能上升至二．八到五．〇。

生物體與疾病奮戰時，維生素C最重大的作用在於作為抗氧化物質的作用。維生素C的一個分子會擁有兩個電子，並透過將此分子供給組織來保護組織免於氧化的損害。

因此，維生素C比率維持在高數值就能獲得健康，而維持健康的重大關鍵也在於此。為此，只要持續供給損傷的組織還原型維生素C就沒問題了。新供給的還原型維生素C會提供組織兩個電子，並形成氧化型維生素C，藉以維持組織的還原狀態。

氧化型維生素C是特別不穩定的物質，它會被水所分解、取得電子並恢復到還原型維生素C，或者從腎臟跟著尿液一起被排泄出去。

二〇〇三年，維生素C效果的正確性被更加確定的論文是來自中國的研究者報告。被實驗者為罹患急性胰臟炎的八十四位患者，並將此分為兩組。第一組為治療組，在

表 5-4 疾病的嚴重度與維生素 C 的比率（根據史東博士）

疾病的種類	實驗者的狀態	比率（還原型／氧化型）
健康常人	健康	14.0
髓膜炎	恢復期	2.8
	與疾病奮鬥中	0.7
	死亡	0.3
破傷風	恢復期	5.0
	與疾病奮鬥中	1.3
	死亡	0.5
肺炎	恢復期	4.0
	與疾病奮鬥中	1.0
	死亡	0.4
傷寒	恢復期	4.5
	與疾病奮鬥中	1.3
	死亡	0.4

五天之間施以一天十公克的維生素C點滴。第二組為對照組，並在五天之間施以一天一公克的維生素C點滴。接著第三組則由四十位健康常人所組成的組別。

得出以下結果。

與健康組相比，急性胰臟炎患者的血中維生素C、β胡蘿蔔素、麩胱甘肽、維生素E、超氧化物歧化酶（SOD）、過氧化氫酶的濃度都有明顯的下降。患者的生物體組織與健康常人相比，較有氧化的現象。

第一組的治療組中，從發燒或嘔吐症狀恢復並出院的速度比第二組的對照組還要快。根據其血液資料，發現治療組比對照組的血中維生素C濃度還要高，而白細胞介素－6和腫瘤壞死因數－α（TNF-α）等炎症性激素的濃度則比較低。

高劑量維生素C會抑止活性氧，並阻止發炎，藉以縮短疾病的期間。

「腸道耐容量」的建議程度

如果只依照國家所制定的維生素C需求量或RDA值來攝取的話，雖然可以預防壞血病，但是卻不足以維持我們最佳的健康。美國維生素C的RDA值對成年男性而言是九十毫克，日本則是一百毫克，但不論是哪一邊都遠遠不及維持最佳健康的狀態。

那麼，健康常人要達到最佳健康狀態的話，每天必須攝取多少維生素C才行呢？很遺憾地，這個數值尚未確立。每個人的個體差異實在太大了（鮑林博士認為其差異性可達八十倍之多），而且即使沒有個體差異，也會因為年齡、疲累、體力或生病等情形而使維生素C必要量有所改變。

即使如此還是有其建議用量。分子矯正醫學領域中，加州一位著名的醫師羅伯特・卡斯卡特（Robert Cathcart, M.D.）藉由其豐富的臨床經驗發現，在不引發腹瀉的情況下達到維生素C口服攝取的最大量會因疾病的嚴重度有成比例的增加。他將此稱為「腸道耐容量」

腸道耐容量不僅因人而異，即使是同一個人也會因健康狀態不同而有所變化。此外，重症患者的腸道耐容量會達到極大的程度，之後會隨著恢復程度而逐漸縮小。

卡斯卡特醫師以此作為一般治療法的輔助手段，並提出「根據情況所需來讓維生素C的攝取達到腸道耐容量的話就會產生效果」。急性疾病的病例中也指出「如果施藥量未到腸道耐容量的百分之八十到九十以上的話就不會產生效果」。

卡斯卡特醫師根據自己長年以來的臨床經驗，整理並公佈維生素C的腸道耐容量（表5-5）。這份資料目前還未經過嚴密的臨床實驗。

大致來說，輕微感冒、重感冒、流行性感冒依序會增加腸道耐容量。重症患者之中，居然有人的腸道耐容量達到一天兩百公克，實在令人驚訝。在這樣的情況下，隨著症狀的緩解，腸道耐容量在兩到三天之內就會回到一天四到十五公克的正常狀態。

卡斯卡特醫師所提倡的維生素C的「腸道耐容量」的觀念一般而言是正確的，但是由於每個人有其個體差異，所以不能保證會永遠準確。其中難免會有例外的情況發生。

儘管症狀非常嚴重，或許也會有患者連一公克的維生素C都無法耐受，又或是有健康常人可以耐受九十公克的維生素C。

醫療本身必須保有「科學根據」，同時也如同大自然一樣存在著「藝術的一面」。

表 5-5 維生素 C 的腸道耐容量（根據卡斯卡特醫師）

身體狀態	一天的總量（g）	一天的攝取次數（次）
健康	4 ～ 15	4
輕微感冒	30 ～ 60	6 ～ 10
重感冒	60 ～ 100 以上	8 ～ 15
流行性感冒	100 ～ 150	8 ～ 20
埃可病毒、克沙奇病毒	100 ～ 150	8 ～ 20
單核症	150 ～ 200 以上	12 ～ 25
病毒性肺炎	100 ～ 200 以上	12 ～ 25
花粉症、氣喘	15 ～ 50	4 ～ 8
過敏	0.5 ～ 50	4 ～ 8
燙傷、外傷、手術	25 ～ 150 以上	6 ～ 20
不安、運動、持續的壓力	15 ～ 25	4 ～ 6
癌症	15 ～ 100	4 ～ 15
僵直性脊椎炎	15 ～ 100	4 ～ 15
瑞氏症候群	15 ～ 60	4 ～ 10
急性葡萄膜炎	30 ～ 100	4 ～ 15
風濕性關節炎	15 ～ 100	4 ～ 15
細菌感染病症	30 ～ 200 以上	10 ～ 25
流行性肝炎	30 ～ 100	6 ～ 15
念珠菌症	15 ～ 200 以上	6 ～ 25

腸道耐容的引發機制

卡斯卡特醫師發現，患病的人在不引發腹瀉的情況下能夠口服攝取的維生素C最大量會隨著疾病的嚴重程度而增加，我將從腸道耐容的引發機制來說明這個發現。

由於人類生病時會生成活性氧，所以身體組織為了保護身體不受氧化，就會消耗維生素C，血中維生素C濃度也就逐漸下滑。血中維生素C濃度一旦降低，從嘴巴服入的維生素C就會從腸道大量移動到血液中。

這個移動過程並不會在血中維生素C濃度高的時候啟動。只有生病的時候由於血中維生素C濃度低，所以維生素C才會迅速從腸道移動到血液中。如此一來，腸道的維生素C濃度也會因而下降。病情愈嚴重，為了恢復血中維生素C濃度就必須補充更多的維生素C，所以就會從腸道吸收更大量的維生素C。

之後，當克服疾病，且血中維生素C濃度恢復正常之後，維生素C在腸道的吸收就會變慢。此時若還是持續攝取維生素C，腸道的維生素C濃度就會升高，進而導致腸道的滲透壓提升。於是為了消除此狀態，就會從大腸壁注入大量的水到腸道中，如此就會形成腹瀉。

卡斯卡特醫師將此狀態以「達到腸道耐容量」來表示。

血中維生素C濃度在快要達到腸道耐容量時就會回復到正常值。腸道耐容量的到達就是透過口服攝取所能達到的維生素C之血中最高濃度（兩百二十微莫耳）。有報告指出許多患者在症狀改善時，其血中維生素C濃度就會達到此水準。

卡斯卡特醫師的臨床案例

一九七五年，卡斯卡特醫師發表了三年之間超過兩千位患者透過「高劑量維生素C療法」來進行治療的臨床案例報告。其中指出對於急性病毒感染病症有顯著的效果，並提議廣泛地實行臨床實驗。

遺憾的是，像這項報告一樣進行大量維生素C投藥的臨床實驗仍未被實行。一九八一年，卡斯卡特醫師已經治療了超過七千位各種疾病患者，並獲得良好的結果。

他讓輕微感冒患者口服三十到六十公克、重感冒患者口服六十到一百公克以上、流行性感冒患者則口服攝取一百到一百五十公克的維生素C，而患者的症狀皆有大幅地改善。即使攝取如此大量的維生素C，患者的副作用卻驚人地鮮少。大多數患者都向卡斯卡特醫師表示「幾乎沒有副作用」。這已經被採用「高劑量維生素C療法」的多數醫師們所確認過了。

其副作用指的是健康常人在口服攝取大量維生素C時，會有氣體生成或腹瀉的情況。不過，患者皆無發生這些狀況。此可認定為是生物體需要維生素C所致。

疾病的治療上，維生素C的口服攝取量如果沒有達到腸道耐容量，治療效果就會降低。換句話說，快要達到腸道耐容量時，症狀就會有大幅地改善。治療中維生素C效果大幅提高的極限就在於腸道耐容量。

然而，卡斯卡特醫師已經在前言提到「有出乎意料的結果」，而他也在報告中提出接受「維生素C超高劑量療法」的患者「身體的感覺有所改善」。由此也足以理解維生素C並不會出現嚴重的副作用了吧。

他在報告中提出病毒性肺炎等嚴重疾病上也能使症狀完全消失，所以維生素C的治療效果肯定是顯著的。醫師常常用「安慰劑」或「錯覺」來概括說明這般強力的效果，這實在讓人難以接受。

「用量與反應」有助於闡明其因果關係。症狀的消失與出現也對應在維生素C的攝取量上。

舉例來說，暫時消失的肺炎症狀會在血中維生素C濃度下降時再次出現。由此可以確定透過維生素C攝取量的變化，症狀也會因而消失或出現。所以，症狀的改善與否是憑維生素C的攝取。

「維生素C超高劑量療法」在病情相當嚴重，或是無法大量口服攝取時，建議選擇使用從靜脈注射的點滴。比起口服攝取的方式，點滴療法也已經被證實具有較大的治療效果。

預防與治療的攝取標準

當健康常人處於「動力流」的狀態，體內就會隨時處於能攝取充足的維生素C來消滅活性氧的態勢。

形成動力流狀態所需要的維生素C攝取量，主要取決於體內能生成的活性氧數量，大致可被認知為「腸道耐容量」的百分之五十以上。

那麼一天要分幾次攝取才能達到此量呢？

平時就攝取多量營養補給品的人勢必得承受這些營養補給品所帶來的風險，不過就維生素C而言，就算攝取到四公克也完全不必在意有其風險與否。

維生素C用於預防疾病的建議用量稱為「營養學性用量（營養量）」，這能以四個程度來說明。

(1) 急性缺乏症：維生素C攝取量明顯低落。一旦持續此狀態的話就會引發壞血病。每天的維生素C攝取量在五毫克以下時就會形成壞血病，也容易引發感染病症，並且有死亡的危險。

(2) 潛在性缺乏症：史東博士將沒有出現症狀的缺乏症狀態稱為「低抗壞血酸症」。維生素C攝取量使白血球沒有因為充足的維生素C而充滿，維生素C也沒有達到由腎臟排泄出去的程度。儘管因人而異，但容易在維生素C攝取量未達到「需求量」時發生。

(3) 基本水準：達到「營養學性用量」。血中維生素C濃度高到可以使維生素C排泄到尿液中的攝取量。這是預防低抗壞血酸症所不可或缺的攝取量。

(4) 動力流狀態：腸道中存在超過血液中移動限度的維生素C量，並能隨時將維生素C排泄於尿液中的程度。只要處於這個狀態，即使在遇到壓力或疾病來襲時也能預防急性維生素C不足。

藥理性用量與營養性用量

維生素C用於疾病治療上稱為「藥理性用量（藥理量）」。這可分為口服攝取與靜脈點滴兩種方法。

口服攝取中，每天將接近腸道耐容量的維生素C分數次攝取的方法，是卡斯卡特醫師所使用的治療法。藥理學性用量最低也要有十公克以上的攝取量。迄今的疾病治療中，實行一天四十、六十、一百、兩百公克的攝取量，都有巨大的成果。

將維生素C用於感染病症的治療並獲得成果的克連納博士則推薦以下方法：用於治療的維生素C量上，一天要攝取每一公斤體重三百五十毫克的維生素C。換句話說，體重六十公斤的人一天要口服攝取十次兩公克的維生素C。

以卡斯卡特醫師、克連納博士為首的眾多醫師都提出相關治療結果的報告。

綜觀來看，疾病治療中，比起口服攝取而言，點滴的方式會更有效。因為口服攝取最高只能攝取到腸道耐容量，而且還要透過腸道吸收到血液裡。

所以在疾病的治療上更適合運用靜脈點滴的方式。此外，點滴溶液其實並非維生素C本身，而是維生素C的鈉鹽（抗壞血酸鈉鹽）。因為維生素C呈酸性，若直接施打將造成血管疼痛。

雖然無法百分百確定抗壞血酸鈉鹽有無副作用，但即使是使用數百公克點滴的治療中也沒有提出任何與副作用相關的報告。

不過，葡萄糖－6－磷酸脫氫酶缺乏症（Glucose-6-Phosphate Dehydrogenase deficiency，俗稱蠶豆症）的人則會引起紅血球的破壞，儘管這在日本人中非常少見。接受二十五公克以上的維生素C點滴療法時，務必事先確認是否罹患此種缺乏症。

接著，維生素C用於疾病預防的是「營養性用量（營養量）」。

在患病初期或是疾病尚未從局部擴散到全身的時候，對比發病時的必要維生素C量，初期只需要較少的量即可。

舉例來說，感冒初期的病毒量並不多。雖然病毒會局部攻擊細胞，但是生物體也會透過炎症來對抗。在這樣初期感染的階段，受到病毒攻擊的組織就會變小，消滅活性氧所需的維生素C量也不用太多。

這是因為維生素C在疾病初期會比疾病範圍擴大時要容易進入組織。

處於動力流狀態的人即使接觸到病毒或細菌，或是開始被感染時，腸道內的多餘維生素C還是會直接進入血液中，並且將其運送到需要的組織中。

如此一來就能阻止疾病擴散到全身。面對初階的疾病，只要有這些多餘的維生素C就足夠了。

克連納博士提到疾病的「預防量是治療量的五分之一」。用於預防的維生素C一天要攝取每一公斤體重七十毫克的量。因此，體重六十公斤的人建議一天要攝取四次一公克的維生素C。

大致來說，一天一到十公克就是用於疾病預防的營養學性用量。

第6章　維生素C便宜又無副作用

維生素C作為營養補給品來攝取

日本的維生素C「需求量」為一百毫克。只要一天攝取一顆檸檬就足夠了。不過，就如同前一章所述，如果要維持最佳的健康狀態，就必需要攝取「營養學性用量」的維生素C才行。一天一百毫克是完全不夠的。

在此假設感冒的預防需要一天三公克的維生素C、治療則需要一天三十公克。要達到三公克的攝取量就等於要吃下三十顆檸檬（一顆重達一百公克）才行，如果是三十公克的維生素C就等於三百顆檸檬。一天要吃到這麼大量想必是不可能的，而且過度攝取水果也會導致卡路里過量。

營養補給品則不用擔心攝取到多餘的熱量就能輕易且有效率地補充維生素C了。維生素C是一種便宜又安全的食品，市面上還有粉末、錠劑、膠囊等各種形式。目前各家廠商也都紛紛主張自己的產品比其他公司的還要優良。

其中最具代表性的維生素C形式就是口服攝取時能「加強吸收」的產品。不過，接下來將說明：儘管大眾皆認為持久型的維生素在吸收上會稍微緩慢，但實際上其吸收速度應該與大多數的維生素C一樣才對。

維生素C有一顆五百毫克或一公克的錠劑等方便服用的的形態。你也可以買到維生素

C的鈉鹽或維生素C與其鈉鹽各占百分之五十的混合物。維生素C的粉末可以被水或柳橙汁等果汁輕易地溶解。溶於水的維生素C會變得非常酸，溶於果汁則會產生「緩衝效果」，所以並不會感覺到那麼酸。如果是維生素C的鈉鹽，在味道上幾乎是無味的。維生素C與其鈉鹽各占百分之五十的混合物則帶一點酸味。

一年會生產十一萬頓

某些業者會主張自己的產品是「天然型維生素C」，並提出「因為天然所以安心」宣傳話語。這簡直像在說這種維生素C才是正版，其他抗壞血酸或合成維生素C是山寨版一樣。

原本維生素C就是L－抗壞血酸，也被稱為「L－（＋）抗壞血酸」或「1-Keto-L-gulofuranolactone」、「3-Keto-L-gulofuranolactone」。

此外，檸檬中所含的維生素C和辣椒中所含的維生素C跟從營養補給品攝取到的合成維生素C其實都是一樣的物質。如果有廠商秉持相反意見，企圖行銷特定商品的話，那應該只是要讓我們貢獻荷包的陰謀吧。

「合成維生素C是以C體和D體各混百分之五十的外消旋體（raceme），而本公司的維生素C則只使用天然取得的L體」有些業者會用這一類的聳動標語來行銷。將「D體」、「L體」、「外消旋體」等化學專業術語交混使用來迷惑外行人，這都是用來銷售高價維生素C的技倆。

以化學性來說，抗壞血酸中存在四個光學異性體。光學異性體在物理性與化學性質上是一致的，但其旋光性卻有著性質相反的分子。這個道理就和左手和右手的形狀雖然一致，但是卻因其不一致之處而無法迭合。其中一個就是一種「L-（+）抗壞血酸」也被稱為「維生素C」的物質。D體或外消旋體原本就是維生素C。

現在，維生素C在一九三〇年代波蘭的塔德烏什．萊希施泰因（Tadeus Reichstein）博士所確立的「萊氏法（Reichstein process）」之化學合成與維生素發酵的組合運用，被大量地使用在工業上。這就是每個人都能便宜買到維生素C的原因。

這個方法是從葡萄糖（D-葡萄糖）出發，經過加水分解、微生物發酵、羥基的保護、氧化、環化等五個階段之化學反應所構成的。其關鍵就在於第二階段，使用微生物（醋酸菌）的發酵，藉以將D-山梨糖醇轉換成L-山梨糖的過程。醋酸菌會將D體轉換成L體。

一般的化學合成中，D體和L體通常會參半混合，這種工業性方法能透過微生物的作用來形成L體。

到了一九六〇年代之後，中國將之後的化學反應置換為發酵，開發出「兩階段發酵法」。以上不論是哪一種方法都能使維生素C有效率且大量地被製造出來。

現在，世界上每年大約可以生產約十一萬噸的維生素C。「作為原料的葡萄糖價格便宜」、「由葡萄糖可以高效率地製造出百分之四十的維生素C」、「能夠大量生產」等三個因素是維生素C價格低廉的理由。

天然型與合成維生素C的差異

合成的維生素C（L－抗壞血酸）和天然型維生素C是完全一樣的東西。兩者都是相同的分子，所以在化學上、物理上、生物學上並沒有任何一絲差異。毫無理由足以證明天然型維生素C優於合成維生素C。

蔬菜或水果中所含有的維生素C和合成維生素C是相同的東西，所以請各位安心地攝取營養補給品。

在症例報告或臨床實驗中，確實有論文提到「食物中所含的維生素C可能會比由營養補給品所攝取的維生素C還要有效」。不過，由於分子的性質一致，所以這樣的論點應該也有其計算失誤之處，反而是花椰菜或辣椒中所含的維生素C，可能會被食物纖維所包圍，所以在吸收上常常較為緩慢。

但也正因為食物中所含的維生素C在吸收速度上會比營養補給品還要慢，所以血中濃度的上升大多呈現穩定且持續的狀態。這一點被認定為「有效率」。

如果要談到食物中所含的維生素C與營養補給品所攝取的維生素C之差異，有些論說指出食物中含有「未知的不可思議要素」。不過這都可以被解釋為實驗誤差所導致的結果。

純維生素與礦物質鹽

純維生素C為弱酸性，會對胃部有所刺激，所以因各人體質不同可能會有胃部不適的情況。這樣的人建議攝取維生素C的鈉鹽、鈣、鎂等礦物質鹽來解決這個問題。

純維生素C是去氫抗壞血酸負離子（負一價）與質子（正一價）電中和而成的物質。溶於水時，這種質子就會讓維生素C呈弱酸性。這就是有些人會有胃部不適的原因。

因此，如果將這種質子置換成鈉鹽、鈣、鎂等正離子（正一價）的話，就不會呈現酸性。這就是「維生素C的礦物質鹽」。

維生素C的礦物質鹽之中，營養補給品裡富含最多的就是鈉鹽和鈣鹽了。維生素C與維生素C的礦物質鹽混合物也有在市面上販售，所以各位可以試著找到適合自己的營養補給品。

然而，在大量攝取維生素C的礦物質鹽時，有兩點必須要注意。首先是攝取大量礦物質鹽之後，大量的礦物質也會同時被吸取到體內。

舉例來說，一公克的維生素C鈉鹽之中含有八百八十四毫克的維生素C，以及一百一十六毫克的鈉鹽。一公克的維生素C鈣鹽則含有八百一十四毫克的維生素C，以及一百八十六毫克的鈣。因此，因高血壓而正在實行減鹽飲食的人，建議要透過非鈉鹽的形式來攝取維生素C為宜。

以補充維生素C為主要目的來說，第二點的問題更加嚴重，礦物質鹽的效果有可能會稍低於純維生素C的效果。

之前已經提過：當維生素C被攝取到接近腸道耐容量時，感冒症狀大多都會消失，因此在攝取上其實是有其極限的。如果攝取的維生素C量超過這個極限值，其治療效果就會變得相當明顯。然而，只有攝取純抗壞血酸的維生素C才能夠看到這種極限值效果。攝取維生素C的礦物質鹽是看不到這種極限值效果的。最初提出純維生素C比礦物質鹽有效之論述的是卡斯卡特醫師，之後其他醫師也相繼確認這個論述了。

誇大「有害性」的主謀

維生素C是數以百萬的物質之中最為安全的食品之一。對這個說法完全不需感到訝異，因為它是人類健康生活所必需的物質。

維生素C有單純的分子構造，在多數的動物、植物體內都能大量生產、蓄積。從細菌到動物等生物經過數億年的時間，都能夠利用維生素C來分解有毒的活性氧。

除此之外，維生素C的安全性也值得大書特書，因為即使長時間攝取大量的維生素C，也不會有明顯的壞處。維生素類本來就是安全的物質。

一般而言，過度攝取的有害作用多半是被誇大的，從科學的角度來看維生素C，與其擔心過度攝取，更應該要擔心慢性缺乏的狀況。

至此為止，本書已經多次提到「維生素C超高劑量療法」對於健康多麼有益。然而，長年以來維生素C的大量攝取都被視為「危險」或是「會引發副作用」。

企業所販售的醫藥品即使出現副作用或意外，媒體對此都沒有著墨太多，反而對沒有廣告贊助的維生素C大肆報導。不論是報導還是娛樂都必須臣服於利潤之下，所以才會需要廣告宣傳。

然而，只要「維生素C療法」的成果有所提昇，就能對醫療從業人員構成一大威脅。

首先要面對這個威脅的就是醫師了。他們對於「維生素C療法」幾乎是一知半解。此外，「維生素C療法」對於他們在做的醫療事業也是一大對手。

維生素C對於製藥業界也是一大威脅。因為維生素C是天然物質所以並不在專利對象裡面，所以無法以高額的價格販賣，也就難有莫大的利益。

維生素C對於營養師而言或許也會構成威脅。那些不瞭解維生素C的生物化學性的營養師們只懂得計算卡路里而已。為了所有國民的健康，在指導民眾控制卡路裡的飲食生活之前，更應該要建議民眾攝取維生素C才是。

實際上，這三方的業界團體特別針對維生素C反覆主張其危險性，為了重挫維生素C療法的信用而努力不懈地奮戰著。

維生素C是人類生存所不可或缺的營養素，而在體內並無法生成這種營養素。因此，如果不透過飲食來攝取的話就會因壞血病而死亡。

我確信「高劑量維生素C療法」對於人類疾病的長期預防是有所助益的。所有物質只要增加攝取量的話，就會增加其副作用的風險，但是維生素C能預防疾病的好處卻顯著地增加中。

超安全食品

為了消弭各位讀者的不安，我已經反覆論述過大量口服攝取的副作用了。不論是什麼物質，只要超過攝取量的限度就會衍生危險。水是占生物體百分之六十的安全物質，但卻不能斷定這是「完全」安全的。實際上，有報導指出住在美國猶他州的雙親讓四歲女兒喝入過多的水而死亡的意外事件。

如果攝取大量的水，血中的鈉濃度就會下降。腦內的滲透壓會比血液還要高，所以水為了消除這樣的差距就會移動到腦內，使腦部膨脹。

至今仍尚未釐清維生素C令人類致死的用量究竟為何。到目前為止的經驗中，即使在二到三小時中口服攝取兩百公克的維生素C也不會出現有害的作用。此外，施打一百五十公克的抗壞血酸鈉鹽點滴也依舊不見有何壞處。

巴塞爾大學（Basel university）的漢克（Hanck）教授使用動物來釐清維生素C的「中毒量」，並以此換算成人類體重（60公斤）的數值來報告。他將此中毒量定為LD50（50％ Lethal Dose），而這在被投藥的動物中有百分之五十的致死量。根據這項報告，LD50的維生素C相等於老鼠攝取四百八十一公克、倉鼠攝取五百三十四公克以上、犬類則要攝取三百公克以上。

表示藥物安全性的指標之一為「治療係數」，也可被稱為「安全域」。這個數值高就表示藥品的安全性高。治療係數是將中毒量依其「有效量」來計算的數值。有效量為ED50（50% Effective Dose），意指被投藥的動物中有百分之五十對此有效的量。

舉例來說，有效量（ED50）為一天一公克，而中毒量（LD50）為兩公克的藥物其治療係數為二。像這樣治療係數低的藥物就會十分危險，所以僅會運用於有危及性命的嚴重疾病上。反之，從之前動物的中毒量來換算成人類的維生素C中毒量為四百公克、有效量為一公克時，其治療係數則為四百。由此可知其安全性是相當高的。

卡斯卡特醫師提到「維生素C比起阿斯匹靈、抗組胺藥、抗生素、鎮痛劑、抗焦慮藥、利尿劑等藥物還來得安全」。換言之，維生素C比我們平時所使用的任何一種藥物要來得安全。

表 6-1 維生素 C 的急性毒性

動物名	中毒量（LD50）
小老鼠	481 公克以上
大鼠	390 公克以上
倉鼠	534 公克以上
犬類	300 公克以上

將口服攝取導致半數動物之致死量換算成體重 60 公斤人類的數值

出處：Hanck

維生素C不會致死

為了比較其安全性，我們要以一般綜合感冒藥中會加入的乙醯胺酚（acetaminophen，商品名：Tylenol、Paracetamol）為例。

乙醯胺酚的治療係數約為二十五。只要四公克的乙醯胺酚攝取量就會引發嚴重的肝臟障礙。攝取量來到七公克時，就會導致嚴重的症狀，而攝取量達十五公克時就可能致死。

此藥物的濫用可追溯到二〇〇〇年發生的琦玉保險金殺人事件。犯人為了領取高額保險金，把乙醯胺酚為主要成分的感冒藥偽裝成營養劑，與酒一起大量飲入，因而致死。

乙醯胺酚在美國是一種頻繁引發急性肝臟障礙的藥物。二〇〇五年，華盛頓大學的安・華盛頓（Anne Washington）教授的報告指出乙醯胺酚占急性肝臟障礙引發原因的百分之四十二。這樣危險的藥品在日本也被加入到醫療用和市售藥物的感冒藥中，並指示服用時會有輕微頭痛症狀。

至今為止，沒有任何報告指出維生素C的過度攝取會導致死亡。對此，以阿斯匹靈為代表的非類固醇性抗炎藥（Nonsteroid Anti-inflammatory Drugs，NSAIDs）已經奪走許多人的性命了。美國每年有一萬六千五百人因抗炎藥物的副作用而死亡，有十萬人因此住院治療。

約翰霍普金斯大學（Johns Hopkins Hospital）的芭芭拉．史坦福德（Barbara Starfield）教授在《美國醫學協會誌》中的報告提出因醫療行為反而引發疾病的「醫源病（Iatrogenesis）」致死總數在美國已達二十五萬人。

藥品副作用致死的死者一年就有十萬六千人，院內感染致死的死者有八萬人，因治療缺失致死的死者有四萬五千人，因不必要手術致死的死者有一萬兩千人、藥物投藥缺失致死的死者則有七千人。美國人死亡因素排行榜上，「藥物的副作用」已經提升到第四名了。

日本雖然沒有進行過這樣精確仔細的調查，但是日本的人口僅是美國的三分之一，所以應該能以其數值之三分之一來看待日本的情況。此外，證實因維生素C攝取所引起的死亡案例都不曾見於足以信賴的醫學或科學雜誌中。

到目前為止，本書中常常出現的美國國立衛生研究所（NIH）的萊文博士如是說：

「維生素C雖然被認為有低血糖症、不孕症、突然變異、維生素B_{12}的分解等有害作用，但這些有害作用其實完全都是錯誤的。專業的醫療人員應該要知道維生素C並不會帶來這些負面效果。」

錯誤百出的有害作用、副作用

儘管維生素C是安全食品，但是「大量攝取維生素C會產生有害作用」的主張卻完全被當作事實而廣泛流傳於社會之中。然而，維生素C的大量攝取所引起的副作用頂多就是「腹瀉」症狀。除此之外皆無明確的科學根據。

1. 腎結石會增加？

自一九七〇年代以來，醫學界向來主張大量攝取維生素C可能會引發腎臟結石。這個假說在科學上是有其合理性的。

然而，世界上大概有數以百萬的人都在大量攝取維生素C，但卻沒有任何報告指出因維生素C而導致結石形成的病例。此外，維生素C甚至還被用來預防或治療腎臟結石。

腎臟結石的四分之三是因草酸鈣（calcium oxalate）的蓄積使尿液變為酸性所致。維生素C的分解在生物體裡確實會增加草酸，但是並無證據顯示這樣會引發結石。

反之，維生素C對於抑制結石的形成可預測出下列理由。

(1) 維生素C容易與鈣質結合。因此，成為腎臟結石原因之一的草酸鈣就難以形成了。

(2) 維生素C有利尿作用。尿量增加的話，腎結石就難以形成。

(3) 維生素C具有殺菌作用。腎臟結石容易在感染發生的部位形成，而大量的維生素C所帶來的殺菌作用則可望阻礙結石的形成。

這些雖然只是理論，但如果實際運用的情況會如何呢？事實上，傳染病學研究中也得出「超高劑量的維生素C並不會引起腎臟結石」的結論。

一九九九年，哈佛大學的沃爾特．威利特（Walter Willett）教授在十四年間針對八萬五千五百五十七位女性進行追蹤調查，並將其結果報告出來。根據報告的內容，一天攝取兩百五十毫克以下維生素C的組別和一天攝取一．五公克以上維生素C的組別在腎臟結石發病率上並無出現任何差異。

另外在一項針對四萬五千兩百五十一位男性的調查中，一天攝取一．五公克以上的組別中，其腎臟結石的發病率反而會比攝取量較少的組別要來得低。

腎臟結石的四分之一是由磷酸銨鎂（magnesium ammonium phosphate）、碳酸鈣（calcium carbonate）等物質所組成的。這些結石容易在尿液呈鹼性時形成，所以尿液被認為要維持在酸性。尿液維持酸性的好方法就是每天攝取一到兩公克的維生素C。

根據以上所述可知，維生素C的大量攝取會增加腎臟結石的論點是不對的。

2. 胃會疼痛？

有些主張認為只要大量攝取維生素C，就會因其酸性而使胃部疼痛。實際上，胃液含有強酸性的的鹽酸，所以即使攝取弱酸性的維生素C也不會提高胃的酸性，更不會破壞胃壁。引起胃潰瘍的典型原因為服用阿斯匹靈等非類固醇性抗炎症藥物，或是幽門螺旋桿菌的感染所致。維生素C反而會保護胃部的黏膜，進而預防潰瘍。

3. 惡性貧血？

有些主張認為當日常飲食配合大量的維生素C一起服用，食物中所含的維生素B_{12}就會被破壞，所以會出現類似惡性貧血的症狀。這雖然是基於試管內的實驗所提出的報告，但事實上試管內也僅出現過一次這樣的結果。

換句話說，這項主張也是有問題的。

既然已經知道是錯誤的論述了，就不應該煞有其事地流傳下去。

4. 流產或不孕？

聽到女性一天攝取六到十二公克的維生素C，可能會引起懷孕初期的流產或不孕症，各位女性應該都會覺得擔心吧。

這是一個告訴每個人關於維生素C真相的機會。俄羅斯有兩位醫師一起提出「月經遲來的女性會因為口服攝取維生素C而讓月經到來」的報告，而這完全是誤傳。

說不定，各位對於維生素C的酸性度可能還是會有些顧慮。

維生素C的攝取形態最常見的就是純抗壞血酸。就如之前所述，抗壞血酸是弱酸，其酸鹼值幾乎與柑橘類相同。此弱酸性皆低於醋、可口可樂和檸檬。更何況，中世紀時檸檬被認為有「促進健康懷孕」的功效而被視為至寶。

攝取維生素C而流產的報告完全不存在。反之，維生素C對於懷孕確實是有幫助的。史東博士在《治癒因子（Healing Factor）》的著作中如是說：

「克連納博士對三百位以上的產婦施以大量的維生素C，懷孕期間與生產時的不適症狀或副作用幾乎不存在。醫院的護士們都承認『維生素C嬰兒』是最健康且心情最開心的新生兒。」

5. 基因變異？

維生素C並不會引起DNA的突變。然而在一九九八年時，英國的研究團隊將維生素C會帶給DNA損害的報告發表於《Nature》雜誌中，並引起媒體的熱烈關注。

這項實驗室這樣進行的：讓三十位健康常人士在六個星期之內每天攝取一千五百

毫克的維生素C。之後，從血液取出淋巴球來調查DNA之際，發現氧化指標中的8-oxoadenine有所增加，而8-oxoguanine則減少了。

顯示DNA氧化的指標大約有二十種，其一的8-oxoadenine雖然增加了，但與致癌原因有關的8-oxoguanine卻減少十倍以上了。那麼，除了這兩種以外又會有什麼樣的反應呢？

多數的研究者都在報告中提到維生素C的大量攝取會保護血液中、網膜中和精液中的DNA不受氧化的侵害。其他研究中也證明，維生素C的攝取量一旦變少，針對DNA的攻擊就會頻頻發生。

6. 血液中的尿酸會增加嗎？

有些主張認為當大量攝取維生素C時，血液中的尿酸會增加並引發痛風，但隨後也已經被證明是錯誤的論點了。

事實上維生素C具有降低尿酸的作用，也有預防痛風的效果。

7. 尿糖的檢查中顯示為假陰性

一百毫升的尿液中所含的維生素C量一達到十五毫克以上時，尿液的葡萄糖檢查就會顯示為假陰性。在美國有許多人會攝取維生素C，而美國進行不受維生素C影響的檢查方法也已經逐漸普及化了，但在日本卻尚未達到如同美國一般的情況，所以臨床檢查時就可能會受到維生素C的影響。在醫療機關中要進行檢查的時候，請告訴醫師或檢查技師「自己平時有在攝取維生素C」，並告知一天的攝取量。

血液的生物化學檢查本來就不會受到維生素C的影響。即使大量攝取維生素C，由於從腸道的吸收是有其限度的，所以血液的維生素C濃度不會超過每一百毫升四．四毫克（兩百五十微莫耳）的程度。

軟化糞便的副作用

維生素C經口大量攝取時所引起的明顯副作用就是大便的軟化，並容易引發腹瀉。不過，要能夠引發腹瀉的維生素C量因人而異，此外同一個人也會受自身健康狀態或疾病的影響而有大幅的差異。此論述在第5章的「腸道耐容量」的部分已經詳盡說明過了。

腹瀉的原因被認為是因為維生素C的酸性作用，或因此所產生的氣體使腸道蠕動旺盛所致。不過，這並不是一種疾病，請各位放心。只要在下一次減半攝取即可。

靜脈注射維生素C的鈉鹽就不會引發腹瀉，因為注射所攝取的維生素C並不會經由胃腸吸收，而是直接進入到血液中，所以理所當然不會對胃腸造成影響。

正如前面所述，引發腹瀉的維生素C口服攝取量就稱為腸道耐容量。這個攝取量可以作為決定維生素C營養補給品的攝取量指標。

之前已經提過：腸道耐容量在人類生病之後，就會比健康時增加數十倍到數百倍。因此，平時在健康狀態下的腸道耐容量為兩公克的人，當他罹患流行性感冒等疾病時，一天即使口服攝取兩百公克的維生素C，腸胃也不會因而引發任何不適感，更不會引發腹瀉。

每日舒暢排便的緩瀉劑

這種對腸道的維生素C作用在醫學界被視為「副作用」，但是腹瀉的發作其實可以被視為一種解決便秘的緩瀉劑。因此，維生素C的緩瀉作用對於容易便秘的人來說不僅不是副作用，還會是一種好處吧。

如果一次就攝取大量維生素C的話，就會像吃了許多李子或高麗菜等食物時會產生的天然緩瀉劑作用，便可取代便秘藥的服用了。

身為天然緩瀉劑的李子和高麗菜並沒有攝取量的上限值，這是因為人會「遵循常識」來決定李子或高麗菜的攝取量。

維生素C也能透過口服攝取量的變化來控制通便。

每日排便有助於維持良好健康狀態，原因在於大便的成分為無法消化的氣體或對身體來說不需要、甚至有害的物質。如果讓老化廢物在體內蓄積了過長的時間，就會危害到身體的健康。尤其便秘的話，有害物質就會囤積於體內，進而增加罹患大腸癌的風險。最近，日本在大腸癌的發病率上也逐漸增加，我認為便秘就是致病的原因之一。

此外，殘留的有害物質不只會一直囤積於腸道，還會溶於血液之中並擴散到全身。因此，便秘不僅會傷害腸道，也會為全身帶來不良的影響。

便秘能藉由氧化鎂、硫酸鎂、硫酸鈉等緩瀉劑（便秘藥）來解決，但是這些瀉藥都具有刺激性，所以也是對身體有害的。

排便順暢是健康的第一步，為此，建議早起時搭配一杯水攝取一公克的維生素C來迎接每一天。

1978	㊐ 森重與村田發表「維生素 C 能預防輸血後的肝炎發症」③。
1979	鮑林與卡麥隆出版《癌症與維生素 C》。 ※ 否定 ② 的抗癌效果的首篇論文被發表，並指出其中的錯誤而視之為無效。
1981	※ 否定 ③ 的抗肝炎效果的論文被發表。
1985	※ 否定抗癌效果的第二篇論文被發表 ⓑ。
1986	鮑林出版《鮑林博士的快樂長壽學（How to Live Longer and Feel Better）》。
1990 年代	補充替代療法的醫師們持續使用維生素 C 於癌症治療上。
1994	鮑林去世。享年 93 歲。
1995	芬 赫米拉發表一篇指出 ⓐ 錯誤的論文。得出「維生素 C 對感冒有效」的結論。
1999	美 古登和賈維斯發表主張「維生素 C 能減輕感冒或流行性感冒的症狀」的論文。
2002	美 李維出版《維生素 C 救命療法（Curing the Incurable: Vitamin C, Infectious Diseases, and Toxins）》。
2004	加 荷佛出版《治療癌症：維生素與藥物治療（Healing Cancer: Complementary Vitamin and Drug Treatments）》。 英 希基和羅伯茨出版《抗壞血酸：維生素 C 的科學（Ascorbate: The Science of Vitamin C）》。書中指明 ⓑ 的錯誤。
2005	美 萊文發表「維生素 C 會殺死癌細胞」的論文。恢復鮑林的名聲。 之後，維生素 C 的炎症治療急速進展。
2006	㊐ 柳澤透過「超高濃度維生素 C 點滴療法」開始進行癌症治療。

● 維生素 C 的歷史

人名之前的文字為國名。㊉波：波蘭、㊉英：英國、㊫：美國、㊉匈：匈牙利、㊉瑞：瑞士、㊐：日本、㊉芬：芬蘭、㊉加：加拿大。

1911	㊉波 馮克發現第一種維生素 C（抗腳氣病維生素）。之後命名為「維生素 B1」。
1912	㊉英 霍普金斯與馮克發表「缺乏症的維生素假說」。
1915	㊫ 麥科勒姆提倡能使白老鼠成長的「必需因子的存在」。
1920	預防壞血病的未知水溶性物質被命名為「維生素 C」。
1928	㊉匈 聖喬治分離出維生素 C。
1933	㊉英 霍沃思決定維生素 C 的分子構造。命名其化學名為「抗壞血酸」。 ㊉瑞 萊希施泰因成功合成維生素 C。
1930 年代	㊫ 德國的部分醫師確認維生素 C 對於胃炎或胃潰瘍的治療是有效的。
1937	㊫ 詹布勒透過維生素 C 來治療感染脊髓灰質炎病毒的猿猴①。
1939	※ 否定 ① 的抗脊髓灰質炎效果的論文被發表。
1949	㊫ 克連納提出維生素 C 在脊髓灰質炎治療上的成果。
1970	㊫ 鮑林出版《維生素 C 與感冒》。榮登暢銷書籍。之後，為了檢證維生素 C 對於感冒的效果，進行了 20 項以上實驗。
1972	㊫ 史東出版《治癒因子（Healing Factor）》。
1975	※ 否定維生素 C 對於感冒之效果的論文被發表 ⓐ。
1976	鮑林與㊉英卡麥隆發表呈現維生素 C 抗癌效果的第一篇論文 ②。

●購買地點與注意事項

品質優良的維生素C錠劑或粉末都能從國內外的製造商或批發商購買入手。鈉鹽、鈣鹽等型態的維生素C也買得到。

其價格各有不同。在網路上直接向國外業者訂購的話，儘管還是會有一點差距，但每公克大約都在四到十日圓，平均五日圓就能買到了。

日本藥典中所提到的維生素C粉末，每兩百公克就要兩千到三千日圓。如果是它牌，應該還是買得到經濟實惠、一公斤兩千兩百日圓的粉末。

維生素C粉末或結晶是純抗壞血酸，而錠劑則多半含有礦物質以便服用。尤其是砂糖會阻礙維生素C的運作，所以建議購買不含砂糖的維生素C製品。

以下推薦優良的國內外購買點：

・iHerb：http://tw.iherb.com/?gclid=CJzWz6GD_ssCFQokvQod7x4LiQ

・萊萃美（Naturemade）：http://www.naturemade-tw.com/product.html

・Vitamin Master（美國進口代理）http://vitamin-master.com/

・Costco（美商大型商店）中可以便宜購買到包含維生素C在內的眾多優質維生素C。

筆者至今使用過以下維生素C，每一種都能滿足我的需求。

「Now Foods C-1000 Caps, 250 Capsules」

「Natural Factors Vitamin C 1000mg 錠劑」

「日本藥典 維生素C抗壞血酸原末 200g」

17. F. Morishige and A. Murata, *Prolongation of survival times in terminal human cancer by administration of supplemental ascorbate*. J. of the International of Preventive Medicine, 5, 47-52 (1979)
18. C, Jungeblut, *Vitamin C therapy and prophylaxis in experimental poliomyelitis*. Journal of Experimental Medicine 65:127-146 (1937)
19. F.Klenner, *The treatment of poliomyelitis and other virus disease with Vitamin C*. Southern Medicine & Surgery 111 (7) : 209-214 (1949)
20. F.Klenner, *Significance of high daily intake of ascorbic acid in preventive medicine*. Journal of International Academy of Preventive Medicine, 1 (1) : 45-69, (1974)
21. F. Morishige and A. Murata, *Vitamin C for prophylaxis viral hepatitis C in transfused patients*. J. of the International Academy of Preventive Medicine 5,54-54 (1978)
22. R.Knodell et al., *Vitamin C prophylaxis for posttransfusion hepatitis: lack of effect in a controlled trial*. American Journal of Clinical Nutrition, vo.34, 20-23 (1981)
23. H. Hemila and Z. Herman, *Vitamin C and the common cold: a retrospective analysis of Chalmers' review*. Journal of the American College of Nutrition, vo. 14 (2) 116-123 (1995)
24. T.C. Chalmers. *Effects of ascorbic acid on the common cold. An evaluation of the evidence*. American Journal of Medicine 58: 532-536 (1975)
25. H.Gorton and K.Jarvis, *The effectiveness of vitamin C in preventing and relieving the symptoms of virus-induced respiratory infections*. Journal of Manipulative and Physiological Therapeutics. 22 (8): 530-533 (1999)
26. R.J. Wlliams and G. Deason, *Individuality in vitamin C needs*. Proc. Natl. Acad. Sci. USA vol.57, 1638-1641 (1967)
27. D.S. Hickey, H.J. Roberts, R.F. Cathcart, *Dynamic Flow: A New Model for Ascorbate*. Journal of Orthomolecular Medicine Vol. 20 : 4 237-244 (2005)
28. W.D. Du et al., *Therapeutic efficacy of high-dose vitamin c on acute pancreatitis and its potential mechanisms*. World J Gastroenterol 2565-2569 (2003)
29. RF. Cathcart, *Vitamin C: titrating to bowel tolerance, anascorbemia, and acute induced scurvy*. Medical Hypothesis 7 : 1359-76 (1981)
30. G.C.Curhan et al., *Megadose Vitamin C consumption does not cause kidney stones*. J. Am. Soc Nephrol, 10 (4) 840-845 (1999)
31. B. Starfield, *Is US Health really the best in the world?* Journal of American Medical Association, 284 (4), 483-485 (2000)

● 参考文献

1. S. Hickey and H. Roberts, *Ascorbate, the science of vitamin C.* Lulu Publishing (2004)
2. S. Hickey and W. Saul, *Vitamin C: The Real Story.* Basic Health (2008)
3. T.E. Levy, *Vitamin C, Infectious Diseases & Toxins, Curing The Incurable.* Xlibris Corporation (2002)
4. L. Pauling, *How to Live Longer and Feel Better.* Oregon State University Press (2006). Originally published: W.Y. Freeman (1986)
 邦訳『ポーリング博士の快適長寿学』平凡社 (1987). 村田晃訳
5. Irwin Stone, *The Healing Factor, Vitamin C against disease.* Putnam Pub Group (1972)
6. A. Hoffer with L. Pauling, *Healing Cancer, Complementary Vitamin & Drug Treatments.* CCNM Press (2004)
7. 柳澤厚生『ビタミンCがガン細胞を殺す』角川SSC新書 (2007)
8. 水上治『超高濃度ビタミンC点滴療法』PHP研究所 (2008)
9. 村田晃『新ビタミンCと健康』共立出版 (1999)
10. E. Cameron and L. Pauling, *Supplemental ascorbate in the supportive treatment of cancer: Prolongation of survival times in terminal human cancer.* Proc. Natl. Acad. Sci. USA vol.73 3685-3689 (1978)
11. E. Cameron and L. Pauling, *Supplemental ascorbate in the supportive treatment of cancer: Reevaluation of prolongation of survival times in terminal human cancer.* Proc. Natl. Acad. Sci. USA vol.75 4538-4542 (1978)
12. Q. Chen et al., *Pharmacologic ascorbic acid concentrations selectively kill cancer cells: Action as a pro-drug to deliver hydrogen peroxide to tissues.* Proc. Natl. Acad. Sci. USA vol.102 13606-13609 (2005)
13. S.J. Padayatty et al., *Vitamin C pharmacokinetics: Implications for Oral and Intravenous Use.* Annals of Internal Medicine vol.140 533-538 (2004)
14. Q. Chen et al., *Ascorbate in pharmacologic concentrations selectively generates ascorbate radical and hydrogen peroxide in extracellular fluid in vivo.* Proc. Natl. Acad. Sci. USA vol.104 8749-8754 (2007)
15. E.T. Creagan et al., *Failure of high-dose vitamin c (ascorbic acid) therapy to benefit patients with advanced cancer: A controlled trial.* New Eng. J. of Med. 301: 687-690 (1979)
16. C.G. Moertel et al., *High-dose vitamin C versus placebo in the treatment of patients with advanced cancer who had no prior chemotherapy.* New Eng. J. of Med. 312:137-141 (1985)

●作者的科普著作

1.《癌症與DNA》講談社 blue box（一九九七年）
2.《操控大腦與心的物質》講談社 blue box（一九九九年）
3.《腦部的健康》講談社 blue box（二〇〇二年）
4.《無知又危險！營養補給品的使用與陷阱》講談社+α文庫（二〇〇三年）
5.《用三餐治療心理疾病》PHP新書（二〇〇五年）
6.《克服『憂鬱』的最佳方法》講談社+α新書（二〇〇五年）
7.《熱門營養補充劑的謊言及真相》講談社+α文庫（二〇〇六年）
8.《絕對不復胖！抗壓減重》講談社+α新書（二〇〇七年）
9.《喚醒腦部的三餐》文春文庫（二〇〇七年）
10.《簡單的生物化學》日本實業出版社（二〇〇八年）
11.《人氣營養補給品的真相》講談社+α文庫（二〇〇八年）
12.《改變飲食就能改變大腦》PHP新書（二〇〇八年）
13.《女人和男人為何會互相吸引？為何又無法互相理解呢？》講談社+α新書（二〇〇九年）

14.《大腦靠飲食來甦醒》SoftBank Creative Science i新書（二〇〇九年）
15.《為了想學習藥理學的人設計的入門書》日本實業出版社（二〇〇九年）
16.《修改大腦地圖》東洋經濟新報社（二〇〇九年）

眼球檢查法

一眼看出疾病的根源

羅大恩 著／定價399元

首度公開最神奇的專利檢查技術，能準確檢驗腦中風、心肌梗塞風險的老化弧、動脈硬化、高血壓、高血脂、高血糖、高尿酸、慢性過敏、自律身經失調等各種潛在的疾病。隨書附贈「虹膜、鞏膜反射區全圖表」，方便自行觀察健康狀況。

野一色蒸熱電療法

60分鐘激活，身體自我療癒術

平石師祿 著 土井瞳 譯／定價350元

獨特的「野一色蒸熱電療法」可提升身體自然治癒力。適用於特應性皮炎、糖尿病、因放射線造成的疾病等……透過利用蒸熱和電的聯合刺激，促進人類原本擁有的自然治癒能力。

營養學解說事典

從嬰兒到高齡、懷孕、肥胖、糖尿病、失智症等營養指南

足立香代子 著 高淑珍 譯／定價390元

最沉默隱形的殺手！

不同人生階段的營養重點？吃到肚裡的美食還存有多少營養？當健康狀況亮紅燈，又該怎麼吃？掌握營養學六大核心，守護自己與家人的健康：五大營養議題、營養學的基本指標、不同階段的營養學、營養素的作用、食材圖鑑、疾病與營養。

最個人化的彩虹飲食法

如何設計符合個人的生理與心理之食物、營養保健品與飲食習慣

蒂亞娜．米妮克 著 郭珍琪 譯／定價399元

身心靈可分為彩虹七大系統：紅色根源、橙色心流、黃色火焰、綠色大愛、藍色真相、靛色洞見與白色精神，只要少了其中一種顏色的營養，就容易引發身心病痛。本書將結合身體、心理、飲食和生活，整體性地分析並提供營養策略。

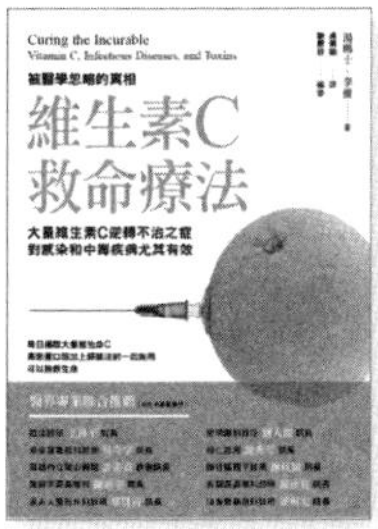

維生素C救命療法

高量維生素C可逆轉不治之症，對感染和病毒疾病尤其有效！

湯瑪士・李維 著 吳佩諭 譯／定價399元

維生素C的真相一直被主流醫學與製藥工業故意忽視，因為它太便宜、無利可圖！維生素C已被證實可預防、治癒一些常見重大疾病。人們的態度不應只是隨意攝取，或道聽塗說，而是該花時間了解真相。

高濃度維生素C注射與斷糖的癌症治療法

西脇俊二 著 高淑珍 譯／定價250元

癌症治療新革命，維生素C與斷糖飲食！西脇俊二醫師成功治癒：胃癌、膽囊癌、耳下腺癌、子宮頸癌、子宮體癌、卵巢癌、乳癌、上顎洞癌……不只造福癌症患者！對其他各種疾病的患者、一般健康人都很有幫助！

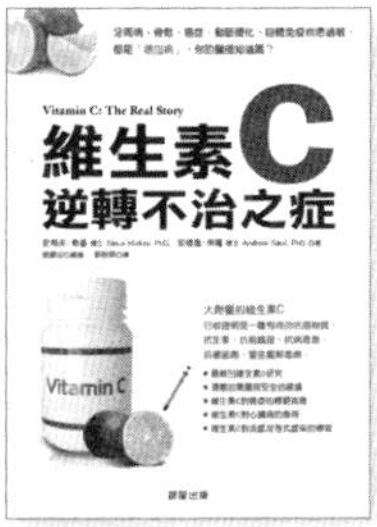

維生素C逆轉不治之症

史蒂夫・希基 安德魯・索爾 合著 郭珍琪 譯／定價290元

大劑量的維生素C已被證明是一種有效的抗癌物質、抗生素、抗組織胺、抗病毒劑、抗黴菌劑、重金屬解毒劑。你必須比你的醫師更知道，攸關存亡的關鍵「維生素」。

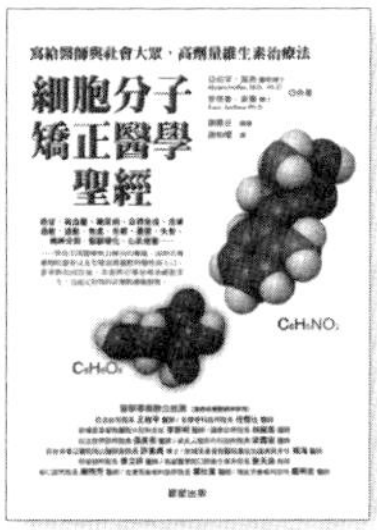

細胞分子矯正醫學聖經

寫給醫師與社會大眾，高劑量維生素治療法

亞伯罕・賀弗 安德魯・索爾 合著 謝嚴谷 譯／定價350元

癌症、高血壓、糖尿病、自體免疫、皮膚過敏、過動、焦慮、失眠、憂鬱、失智、精神分裂、動脈硬化、心肌梗塞……皆是主流醫療無力解決的難題。面對各種藥物的毒害以及慢性病，本書將引導你尋求安全又有效的非藥物對策。

國家圖書館出版品預行編目資料

維生素C超劑量療法/ 生田哲著；劉又菘譯. -- 初版. --
臺中市：晨星, 2019.1
面；　公分. --（健康與飲食；127）

譯自：ビタミンCの大量 取がカゼを防ぎ、がんに効く

ISBN 978-986-443-528-9（平裝）

1.維生素C 2.營養

399.63　　107017312

健康與飲食 127

維生素 C 超劑量療法

歡迎掃描 QR CODE
填線上回函

作者　生 田 哲
譯者　劉 又 菘
主編　莊 雅 琦
執行編輯　劉 容 瑄
封面設計　季 曉 彤
美術編輯　陳 柔 含

創辦人　陳銘民
發行所　晨星出版有限公司
台中市407工業區30路1號
TEL：04-23595820 FAX：04-23550581
E-mail：service@morningstar.com.tw
行政院新聞局局版台業字第2500號
法律顧問　陳思成律師
初版　西元2019年1月6日
再版　西元2022年4月8日（二刷）

讀者服務專線　TEL：02-23672044 / 04-23595819#212
FAX：02-23635741 / 04-23595493
E-mail：service@morningstar.com.tw
網路書店　http：//www.morningstar.com.tw
郵政劃撥　15060393（知己圖書股份有限公司）
印刷　上好印刷股份有限公司

定價350元
ISBN 978-986-443-528-9